R.M. Joany
T. Vino
L. Magthelin Therase

Rudimentos sub-estruturais dos sistemas de telecomunicações

R.M. Joany
T. Vino
L. Magthelin Therase

Rudimentos sub-estruturais dos sistemas de telecomunicações

Imprint

Any brand names and product names mentioned in this book are subject to trademark, brand or patent protection and are trademarks or registered trademarks of their respective holders. The use of brand names, product names, common names, trade names, product descriptions etc. even without a particular marking in this work is in no way to be construed to mean that such names may be regarded as unrestricted in respect of trademark and brand protection legislation and could thus be used by anyone.

Cover image: www.ingimage.com

This book is a translation from the original published under ISBN 978-3-330-35208-7.

Publisher:
Sciencia Scripts
is a trademark of
Dodo Books Indian Ocean Ltd. and OmniScriptum S.R.L publishing group

120 High Road, East Finchley, London, N2 9ED, United Kingdom
Str. Armeneasca 28/1, office 1, Chisinau MD-2012, Republic of Moldova, Europe
Printed at: see last page
ISBN: 978-620-7-66563-1

Prefácio

A evolução das telecomunicações nas últimas duas décadas tem sido revolucionária, com as comunicações a serem consideradas como um dado adquirido na sociedade moderna, ao mesmo nível que a eletricidade. Por conseguinte, existe uma necessidade premente de engenheiros que conheçam bem os princípios dos sistemas de comunicação. Este livro foi escrito em resposta à seguinte questão central: qual o material básico que um estudante de graduação com interesse em comunicações deve aprender, a fim de estar bem preparado para qualquer indústria. Pode ser usado como base para a sequência de cursos em sistemas de comunicação. O livro também fornece uma revisão da introdução aos sistemas de comunicação para os profissionais, facilitando o caminho para o estudo de sistemas de comunicação mais avançados.

Reconhecimento

Antes de mais, gostaríamos de agradecer ao Grande Deus Todo-Poderoso, autor do conhecimento e da sabedoria, pelo seu amor incondicional. Gostaríamos de expressar a nossa sincera gratidão à direção da Universidade de Sathyabama pelo seu apoio e encorajamento constantes. Gostaríamos de agradecer à nossa família por nos ter permitido publicar este livro.

R. M. Joany

T. Vino

L. Magthelin Therase

ÍNDICE DE CONTEÚDOS

CAPÍTULO 1

1. O sistema telefónico

1.1 . Introdução aos telefones

Telecomunicação significa "comunicações à distância". Tele em grego significa à distância Comunicações eléctricas por fio, rádio ou luz (fibra ótica). O sistema telefónico foi concebido para a comunicação analógica full-duplex de sinais de voz. Atualmente, este sistema continua a ser utilizado principalmente para a voz, mas emprega sobretudo técnicas digitais, não só na transmissão de sinais, mas também nas operações de controlo. O sistema telefónico permite que qualquer telefone se ligue a qualquer outro telefone no mundo.

Uma linha telefónica ou um circuito telefónico (ou simplesmente linha ou circuito na indústria) é um circuito de um único utilizador num sistema de comunicações telefónicas. Trata-se do fio físico ou de outro meio de sinalização que liga o aparelho telefónico do utilizador à rede de telecomunicações e, normalmente, implica também um único número de telefone para efeitos de faturação reservado a esse utilizador. As linhas telefónicas são utilizadas para fornecer o serviço de telefone fixo e o serviço de cabo de linha de assinante digital (DSL) às instalações.

1.1.1 Comunicação dB

O db (decibel) é uma unidade de medida relativa normalmente utilizada nas comunicações para fornecer uma referência para os níveis de entrada e saída. Ganho ou perda de potência. Os decibéis são utilizados para especificar valores medidos e calculados em sistemas de áudio, cálculos de ganho de sistemas de micro-ondas, análise de orçamento de ligações de sistemas de satélite, ganho de potência de antenas e cálculos de orçamento de luz e em muitas outras medições de sistemas de comunicações. Em cada caso, o valor dB é calculado em relação a uma referência padrão ou especificada.

1.1.2 Circuito local

O lacete local numa rede telefónica (por vezes referido como a "última milha" da rede) é a parte que liga a casa à central telefónica local. Refere-se literalmente aos cabos de cobre que vão de casa até à central telefónica. Os telefones normais são ligados ao sistema telefónico através de um cabo de dois fios de par trançado que termina na central telefónica local ou no escritório central. Podem ser ligadas até 10.000 linhas telefónicas a uma única central telefónica. A ligação de dois fios de par entrançado entre o telefone e a central é designada por lacete local ou lacete de assinante. Os circuitos no telefone e na central formam um circuito elétrico completo, ou loop.

1.2 Sistema telefónico básico

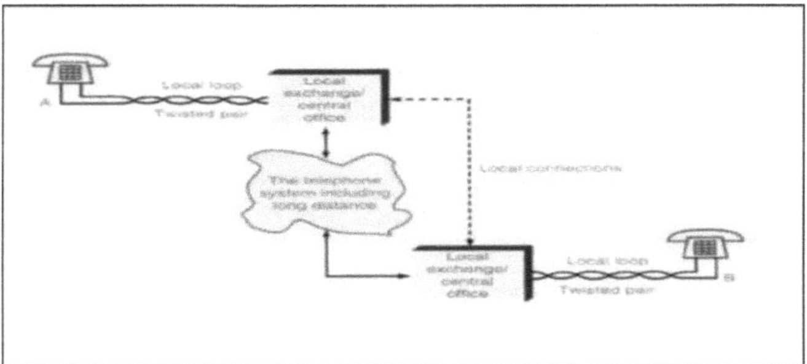

Fig. 1.1. O sistema telefónico básico

Um telefone básico ou aparelho telefónico é um emissor-recetor analógico de banda de base. É constituído pelos seguintes elementos:

A campainha é uma campainha ou um oscilador eletrónico ligado a um altifalante. O gancho de comutação é um interrutor mecânico de dois pólos que é normalmente controlado por um mecanismo acionado pelo auscultador do telefone. Os circuitos de marcação permitem introduzir o número de telefone a chamar. A maioria dos telefones utiliza o sistema DTMF (dual-tone multi frequency). O aparelho contém um microfone para o transmissor e um altifalante ou recetor.

Uma combinação de ondas sinusoidais de 350 Hz e 440 Hz enviadas para o telefone a partir da central telefónica (CO), indicando que a rede está pronta para receber instruções de chamada. O híbrido é um transformador especial utilizado para converter os sinais dos quatro fios do transmissor e do recetor num sinal adequado para um único par de duas linhas para o circuito local.

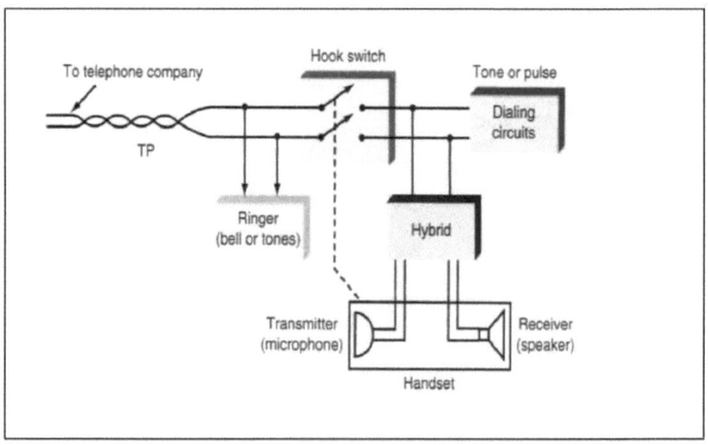

Fig. 1.2. Diagrama de blocos de um telefone básico

Contém igualmente uma campainha e um mecanismo de marcação. Globalmente, o aparelho telefónico desempenha as seguintes funções básicas.

O modo de receção fornece:

1. Um sinal de entrada que toca uma campainha ou produz um tom de áudio indicando que está a ser recebida uma chamada

2. Um sinal para o sistema telefónico indicando que o sinal foi atendido

3. Transdutores para converter a voz em sinais eléctricos e os sinais eléctricos em voz

O modo de transmissão:

1. Indica ao sistema telefónico que vai ser feita uma chamada quando o auscultador é levantado

2. Indica que o sistema telefónico está pronto a ser utilizado, gerando um sinal denominado *tom de marcação*

3. Fornece uma forma de transmitir o número de telefone a ser chamado para o sistema telefónico

4. Recebe uma indicação de que a chamada está a ser efectuada através de um toque

5. Fornece um meio de receber um tom especial indicando que a linha chamada está ocupada

6. Fornece um meio de sinalizar ao sistema telefónico que a chamada está concluída Todos os aparelhos telefónicos fornecem estas funções básicas. Alguns dos telefones electrónicos mais avançados têm outras características, como a seleção de várias linhas, a espera, o telefone com altifalante, a chamada em espera e a identificação do autor da chamada. A figura mostra um diagrama de blocos básico de um aparelho telefónico. A função de cada bloco é descrita a seguir. Os circuitos pormenorizados de cada um dos blocos e o seu funcionamento são descritos mais adiante, quando os telefones normais e electrónicos forem abordados em pormenor.

1.2.1. Campainha

A *campainha* é uma campainha ou um oscilador eletrónico ligado a um altifalante.

Está continuamente ligado ao par entrançado do lacete local de volta à central telefónica. Quando uma chamada é recebida, um sinal da central faz com que a campainha ou a campainha produza um tom.

1.2.2. Gancho do interrutor

Um *gancho de comutação* é um interrutor mecânico de dois pólos que é normalmente controlado por um mecanismo acionado pelo aparelho telefónico. Quando o aparelho está "no gancho", o interrutor do gancho está aberto, isolando assim todo o circuito telefónico do circuito local da central telefónica. Quando se pretende efetuar ou receber uma chamada, o microtelefone é retirado do gancho. Isto fecha o interrutor e liga o circuito telefónico ao lacete local. A corrente contínua da central é então ligada ao telefone, fechando os seus circuitos para funcionar.

1.2.3. Circuitos de marcação

Os *circuitos de marcação* permitem introduzir o número de telefone a chamar. Nos telefones mais antigos, era utilizado um sistema de marcação por impulsos. Um seletor rotativo ligado a um interrutor produzia um número de impulsos de ligar/desligar correspondente ao dígito marcado. Estes impulsos on/off formavam um código binário simples para sinalizar a central telefónica.

Na maioria dos telefones modernos, é utilizado um sistema de marcação por tons. Conhecido como *sistema de multifrequência de tom duplo (DTMF),* este método de marcação utiliza vários botões que geram pares de tons de áudio que indicam os dígitos marcados. Quer se utilize a marcação por impulsos ou por tons, os circuitos da central reconhecem os sinais e fazem as ligações adequadas ao telefone marcado.

1.2.4. Aparelho telefónico

Esta unidade contém um microfone para o transmissor e um altifalante ou recetor. Quando se fala para o transmissor, este gera um sinal elétrico que representa a voz.

Quando um sinal elétrico de voz é recebido na linha, o recetor converte-o em ondas sonoras. O transmissor e o recetor são unidades independentes, e cada um tem dois fios que se ligam ao circuito telefónico. Ambos se ligam a um dispositivo especial conhecido como híbrido.

1.2.5. Híbrido

O *circuito híbrido* é um transformador especial utilizado para converter os sinais dos quatro fios do transmissor e do recetor num sinal adequado para um único par de duas linhas para o lacete local. O híbrido permite comunicação analógica *full duplex, ou seja*, envio e receção simultâneos, na linha de dois fios. O híbrido também fornece um tom lateral do transmissor para o recetor, de modo a que o orador possa ouvir a sua voz no recetor. Este feedback permite o ajuste automático do nível de voz.

1.3. Sistema telefónico convencional:

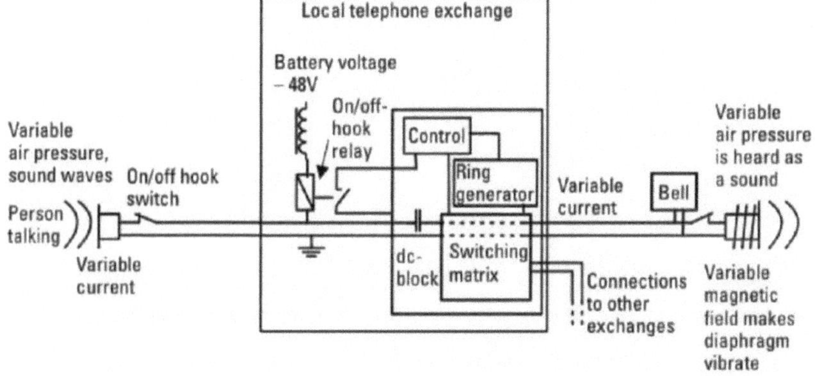

Fig. 1.3. Sistema telefónico convencional

Existem alguns componentes associados aos sistemas telefónicos que merecem uma atenção especial.

1.3.1. Telefone normal

A figura mostra o diagrama esquemático de um telefone convencional e as ligações do lacete local à central telefónica. Os circuitos da central telefónica são abordados mais adiante com mais pormenor. Note-se que a central aplica uma tensão contínua ao telefone através da linha de par entrançado. Esta tensão contínua é de aproximadamente 248 V em relação à terra no estado de circuito aberto. Quando um assinante pega no telefone, o gancho do interrutor fecha-se, ligando o circuito à linha telefónica. A carga representada pelo circuito telefónico faz com que a corrente seja baixa no circuito local e a tensão no interior do telefone desça para cerca de 5 a 6 V.

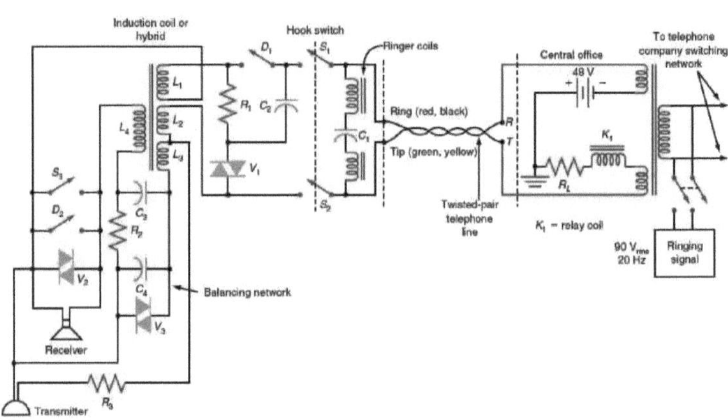

Fig. 1.4. Esquema do circuito telefónico normal

A quantidade de corrente que circula na linha de assinante depende de uma série de factores. A tensão dc fornecida pelo escritório central pode não ser exatamente 248 V. Pode, de facto, variar muitos volts acima ou abaixo do valor normal de 48 V. Como mostra a figura, a central também insere alguma resistência *RL* para limitar a corrente total baixa se ocorrer um curto-circuito na linha. Esta resistência pode variar de cerca de 350 a 800 V. Na figura, a resistência total é de aproximadamente 400 V.

A resistência do próprio telefone também varia numa gama relativamente ampla.

Pode ser tão baixa quanto 100 V e tão alta quanto 400 V, dependendo do circuito. A resistência varia devido à resistência do elemento transmissor e devido às resistências variáveis, denominadas *varistores,* utilizadas no circuito para permitir o ajuste automático do nível da linha.

A resistência do lacete local depende consideravelmente do comprimento do par entrançado entre o telefone e a central telefónica. Embora a resistência do fio de cobre no par trançado seja relativamente baixa, o comprimento do fio entre o telefone e a central telefónica pode ser de muitos quilómetros. Assim, a resistência do lacete local pode ser de 1000 a 1800 V, consoante a distância. O comprimento do laço local pode variar de alguns milhares de pés até cerca de 18.000 pés.

Finalmente, a resposta em frequência do lacete local é de aproximadamente 300 a 3400 Hz. Isto é suficiente para passar frequências de voz que produzem uma inteligibilidade total. Um par entrançado sem carga tem uma frequência de corte superior de cerca de 4000 Hz. Mas este corte varia consideravelmente consoante o comprimento total do cabo. Quando são utilizadas longas extensões de cabo, são inseridas bobinas de carga especiais na linha para compensar o corte excessivo nas frequências mais altas.

Os dois fios utilizados para ligar os telefones são designados por *ponta* e *anel.* Estas designações referem-se à ficha utilizada para ligar os telefones uns aos outros na central telefónica. Em tempos, grandes grupos de telefonistas na central utilizavam fichas e tomadas numa central telefónica para ligar manualmente um telefone a outro.

O fio da ponta é verde e está normalmente ligado à terra; o fio do anel é vermelho. Muitos cabos telefónicos para uma casa ou um escritório também contêm um segundo par entrançado, se for necessário instalar uma linha telefónica separada.

Estes fios têm normalmente um código de cores preto e amarelo. O preto e o amarelo correspondem ao anel e à ponta, respetivamente, sendo que o amarelo é a terra. São utilizadas outras combinações de cores na cablagem telefónica.

1.3.2. Campainha

O circuito ligado diretamente aos fios da ponta e do anel do lacete local é a campainha. Na maioria dos telefones mais antigos, a campainha é eletromecânica. Um par de bobinas electromagnéticas é utilizado para acionar um pequeno martelo que bate alternadamente em duas pequenas campainhas metálicas. Quando uma chamada é recebida, uma tensão da central telefónica acciona as bobinas electromagnéticas, que por sua vez accionam o martelo para tocar as campainhas. As campainhas produzem o tom familiar produzido pela maioria dos telefones normais. Na figura, as bobinas de toque estão ligadas em série com um condensador C1. Isto permite que a tensão de toque de corrente alternada seja aplicada às bobinas, mas bloqueia os 48 V de corrente contínua, minimizando assim o consumo de corrente dos 48 V fornecidos pela central telefónica. A tensão de toque fornecida pelo escritório central é uma onda sinusoidal de aproximadamente 90 Vrms a uma frequência de cerca de 20 Hz. Estes são os valores nominais, porque a tensão de toque real pode variar de aproximadamente 80 a 100 Vrms com uma frequência algures na gama de 15 a 30 Hz. Este sinal CA é fornecido por um gerador na central telefónica.

A tensão de campainha é aplicada em série com o sinal de 248 V dc da fonte de alimentação da central. O sinal de toque é ligado à linha de lacete local por meio de um transformador T1. O transformador acopla o sinal de toque no seu enrolamento secundário, onde aparece em série com a tensão de alimentação de 48 V CC. A sequência de toque padrão é mostrada na Figura. Nos telefones dos EUA, a tensão de toque ocorre durante 1 s, seguida de um intervalo de 3 s. Os telefones de outras partes do mundo utilizam sequências de toque diferentes. Por exemplo, no Reino Unido, a sequência de toque padrão é um tom de frequência mais alta que ocorre com mais frequência e consiste em dois impulsos de toque com 400 ms de duração, separados por 200 ms. Segue-se um intervalo de 2 segundos de silêncio antes da repetição da sequência de toques.

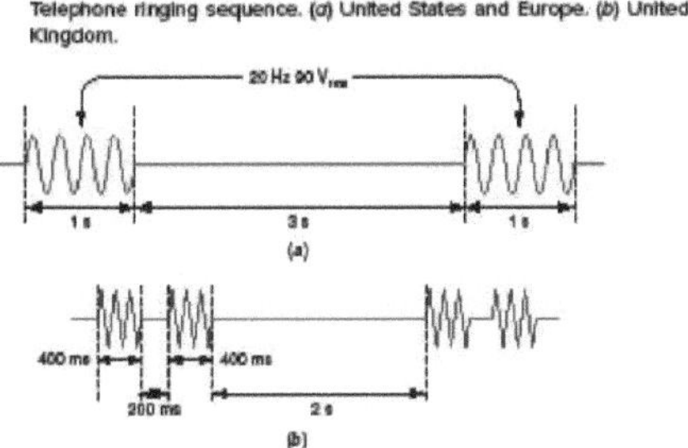

Fig. 1.5. Sequência de toques telefónicos. (a) Estados Unidos (b) Reino Unido

1.3.3. Transmissor

O transmissor é o microfone para o qual se fala durante uma chamada telefónica. Num telefone normal, este microfone utiliza um elemento de carbono que traduz eficazmente as vibrações acústicas em alterações de resistência. As alterações de resistência, por sua vez, produzem variações de corrente no circuito local que representa a voz do locutor. Uma tensão contínua deve ser aplicada ao transmissor para que a corrente flua através dele durante a operação. Os 48 V do escritório central são usados neste caso para operar o transmissor. O sinal de voz CA resultante produzido na linha telefónica é de aproximadamente 1 a 2 Vrms.

1.3.4. Recetor

O recetor, ou auricular, é basicamente um pequeno altifalante de íman permanente. Um diafragma metálico fino está fisicamente ligado a uma bobina que se encontra dentro de um íman permanente. Sempre que um sinal de voz desce por uma linha telefónica, desenvolve uma corrente na bobina do recetor. A bobina produz um campo magnético que interage com o campo magnético permanente. O resultado é a vibração do diafragma no recetor, que converte o sinal elétrico na energia acústica que fornece a voz ao ouvido.

Quando chega através das linhas do lacete local, o sinal de voz tem uma amplitude de aproximadamente 0,5 a 1 Vrms.

1.3.5. Híbrido

O híbrido é um dispositivo semelhante a um transformador que é utilizado para transmitir e receber simultaneamente num único par de fios. O híbrido, que também é por vezes referido como uma *bobina de indução,* é na realidade vários transformadores combinados numa única unidade. Os enrolamentos dos transformadores estão ligados de tal forma que os sinais produzidos pelo transmissor são colocados no circuito local de dois fios, mas não ocorrem no recetor. Da mesma forma, os enrolamentos do transformador permitem que um sinal seja enviado para o recetor, mas a tensão resultante não é aplicada ao transmissor.

Na prática, os enrolamentos híbridos são configurados de modo a que uma pequena quantidade do sinal de voz produzido pelo transmissor ocorra no recetor. Isto fornece feedback ao altifalante para que este possa falar com uma intensidade normal. O feedback do transmissor para o recetor é designado por *tom lateral.* Se o tom lateral não fosse fornecido, não haveria sinal no recetor e a pessoa que fala teria a sensação de que a linha telefónica estava morta. Ao ouvir a sua própria voz no recetor a um nível moderado, o interlocutor pode falar a um nível normal. Sem o tom lateral, o interlocutor tende a falar mais alto, o que é desnecessário.

1.3.6. Ajuste automático do nível de voz:

Devido à grande variação nos diferentes comprimentos dos circuitos dos dois telefones ligados entre si, as resistências dos circuitos variam consideravelmente, causando assim uma grande variação nos níveis dos sinais de voz transmitidos e recebidos. Todos os telefones contêm algum tipo de componente ou circuito que permite *o ajuste automático do nível de voz*, de modo a que os níveis de sinal sejam aproximadamente os mesmos, independentemente dos comprimentos dos circuitos. No telefone padrão, esse ajuste automático do comprimento do loop é feito por componentes chamados *varistores*. Estes são identificados como *V1*, *V2* e *V3* na Figura.

Um varistor é um elemento de resistência não linear cuja resistência muda consoante a quantidade de corrente que o atravessa. Quando a corrente que passa pelo varistor aumenta, a sua resistência diminui. Uma diminuição da corrente faz com que a resistência aumente.

Os varistores são normalmente ligados através da linha. Na figura, o varistor *V1* está ligado em série com a resistência *R1*. Este varistor desvia automaticamente alguma da corrente do transmissor e do recetor. Se o circuito for longo, a corrente será relativamente baixa e a tensão no telefone será baixa. Isto faz com que a resistência do varistor aumente, desviando assim menos corrente do transmissor e do recetor. Em circuitos locais curtos, a corrente será alta e a tensão no telefone será alta. Isso faz com que a resistência do varistor diminua; assim, mais corrente é desviada do transmissor e do recetor. O resultado é um nível relativamente constante de fala transmitida ou recebida. Note que um segundo varistor *V3* é usado na rede de balanceamento. A rede de balanceamento (*C3*, C4, R2) trabalha em conjunto com o híbrido para fornecer o tom lateral discutido anteriormente. O varistor ajusta automaticamente o nível do tom lateral.

1.3.7. Marcação por impulsos

O termo *marcação* é utilizado para descrever o processo de introdução de um número de telefone a ser chamado. Nos telefones mais antigos, era utilizado um seletor rotativo. Nos telefones mais modernos, os botões que geram tons electrónicos são utilizados para "marcar".

A utilização de um mecanismo de marcação rotativo produz o que é conhecido como *marcação por impulsos.* Rodar o marcador e soltá-lo faz com que um contacto do interrutor abra e feche a uma taxa fixa, produzindo impulsos de corrente no circuito local. Estes impulsos de corrente são detectados pela central telefónica e utilizados para acionar os comutadores que ligam o telefone que marca ao telefone chamado. Embora a maior parte das companhias telefónicas ainda suportem a marcação por impulsos, a maioria dos telefones com marcação já não funciona há muito tempo. A marcação por impulsos já não é muito utilizada.

1.3.8. Marcação tonal

Embora ainda se utilizem alguns telefones com marcação e todas as centrais telefónicas os possam acomodar, a maioria dos telefones modernos utiliza um sistema de marcação conhecido como

Tom tátil. Utiliza pares de tons de áudio para criar sinais que representam os números a marcar. Este sistema de marcação é designado por *sistema de multifrequência de tom duplo (DTMF).* Um teclado DTMF típico de um telefone é mostrado na Fig. 18-5. A maioria dos telefones utiliza um teclado padrão com 12 botões ou interruptores para os números de 0 a 9 e os símbolos especiais * e #. O sistema DTMF também acomoda quatro teclas adicionais para aplicações especiais.

Na figura, os números representam as frequências de áudio associadas a cada linha e coluna de botões de pressão. Por exemplo, a linha horizontal superior que contém as teclas 1, 2 e 3 está identificada como 697, o que significa que quando qualquer uma destas três teclas é premida, é produzida uma onda sinusoidal de 697 Hz. Cada uma das quatro linhas horizontais produz uma frequência diferente. As linhas horizontais geram o que é geralmente conhecido como o *grupo de frequências baixas.*

Um grupo mais elevado de frequências está associado às colunas verticais de teclas. Por exemplo, as teclas para os números 2, 5, 8 e 0 produzem uma frequência de 1336 Hz quando premidas.

Se o número 2 for premido, são geradas duas ondas sinusoidais em simultâneo, uma a 697 Hz e outra a 1336 Hz. Estes dois tons são misturados linearmente. Esta combinação produz um som único e é facilmente detectado e reconhecido na central como o sinal que representa o dígito 2 marcado. A tolerância nas frequências geradas está normalmente dentro de (mais ou menos 1,5 por cento).

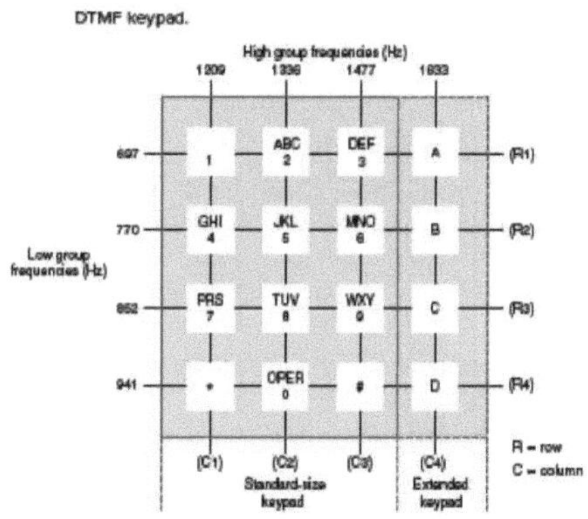

Fig. 1.6. Teclado DTMF

1.4. Sistema telefónico

A maioria de nós considera o serviço telefónico um dado adquirido, tal como acontece com outros serviços de utilidade pública, por exemplo, a energia eléctrica. Nos Estados Unidos, o serviço telefónico é excelente. Mas não é certamente o caso em muitos outros países do mundo.

Quando nos referimos ao *sistema telefónico, estamos* a falar das organizações e instalações envolvidas na ligação do telefone ao telefone chamado, independentemente do local onde se encontre nos Estados Unidos ou em qualquer outra parte do mundo. O sistema telefónico é designado por rede telefónica pública comutada (PSTN). O sistema telefónico é designado por POTS (Plain Old Telephone Service). Há várias empresas envolvidas nas chamadas de longa distância, embora uma única empresa seja normalmente responsável pelas chamadas locais numa determinada área. Estas empresas constituem o sistema telefónico e concebem, constroem, mantêm e operam todas as instalações e equipamentos utilizados na prestação do serviço telefónico universal. É utilizada uma vasta gama de equipamentos e tecnologias.

Praticamente todos os tipos concebíveis de tecnologia eletrónica são utilizados para implementar o serviço telefónico mundial, e isso continua a mudar à medida que as chamadas pela Internet, conhecidas como VoIP (Voice over Internet Protocol), crescem.

O *telefone,* uma entidade pequena mas relativamente complexa, não é nada comparado com o enorme sistema que lhe serve de suporte. O sistema telefónico pode ligar quaisquer dois telefones no mundo, e a maioria das pessoas apenas pode especular sobre o método através do qual esta ligação se realiza. Esta ligação efectua-se a vários níveis e envolve um conjunto incrível de sistemas e tecnologias. Obviamente, é difícil descrever aqui um sistema tão vasto. No entanto, nesta breve secção, tentamos descrever as complexidades técnicas da interligação dos telefones, a central telefónica e a interface da linha de assinante que liga cada utilizador ao sistema telefónico, a hierarquia das interligações dentro do sistema telefónico e os principais elementos e o funcionamento geral do sistema telefónico. São também abordados o funcionamento a longa distância e os sistemas especiais de interconexão telefónica, como o PBX. É introduzido o VoIP.

1.4.1 Interface de assinante

A maioria dos telefones está ligada a uma central telefónica local através de um cabo de duas linhas de par entrançado. A central contém todo o equipamento que faz funcionar o telefone e o liga ao sistema telefónico que faz a ligação a qualquer outro telefone. Cada telefone ligado à central dispõe de um grupo de circuitos básicos que alimentam o telefone e asseguram todas as funções básicas, como o toque, o tom de marcação e a supervisão da marcação. Estes circuitos são coletivamente designados por *interface de assinante* ou *circuito de interface da linha de assinante (SLIC)*. Nos sistemas de central telefónica mais antigos, os circuitos de interface de assinante utilizavam componentes discretos. Atualmente, a maior parte das funções da interface da linha de assinante são implementadas por um ou talvez dois circuitos integrados e equipamento de apoio. A interface da linha de assinante é também designada por *interface do lado da linha.*

O SLIC fornece sete funções básicas geralmente designadas por *BORSCHT*. A interface de linha (telefónica) é muitas vezes referida como um circuito BORSCHT. Este acrónimo descreve os requisitos funcionais de uma interface de linha telefónica normalizada. Os cabos de ponta e de anel do aparelho telefónico são ligados, através de alguns dispositivos de proteção, à interface de linha situada no módulo periférico. Esta interface deve executar as seguintes funções:

B Alimentação da bateria

O Proteção contra sobretensão

R Toque

S Supervisão e sinalização

Codificação C

H Híbrido

Teste T

1.4.2. Cartões de linha

As placas de rede são o componente mais comum numa central telefónica. Trata-se de um dispositivo muito complexo que contém uma vasta gama de tecnologias.

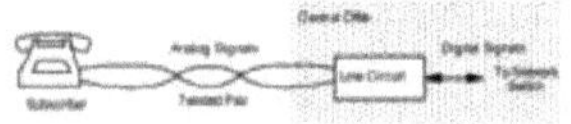

Fig. 1.7   Cartões de linha

Muitas destas funções podem ser integradas num único CI, frequentemente designado por chip SLIC (chip de interface de linha de assinante). Os SLICs estão disponíveis para o mercado de PBX há mais de uma década. Recentemente, porém, passaram a estar disponíveis também para o ambiente de central telefónica.

1.4.3. B - Alimentação da bateria

A maioria dos aparelhos domésticos é alimentada por uma rede eléctrica. A exceção notável é o telefone. Isto porque o telefone deve continuar a funcionar em caso de falha de energia. De facto, o telefone é vital em caso de catástrofe ou de emergência.

A central telefónica fornece uma alimentação nominal de -48 volts CC para alimentar o telefone. Este valor é considerado o potencial máximo seguro de funcionamento em corrente contínua. Não seria do interesse da companhia telefónica fornecer uma tensão contínua que pudesse eletrocutar os seus clientes ou os seus próprios empregados. Foi escolhido um potencial negativo para reduzir a ação corrosiva nos cabos enterrados.

Os telefones multifunções nem sempre podem ser alimentados a partir da central telefónica e necessitam frequentemente de uma fonte de alimentação alternativa. Por este motivo, as interfaces de linha sofisticadas, como as interfaces SAA RDIS, têm um modo "fail to POTS". Se a energia eléctrica falhar, o telefone complexo não pode funcionar em pleno. A central telefónica pode detetar a falta de energia local através do circuito telefónico e passa a utilizar apenas o serviço POTS.

O loop POTS requer uma tensão nominal de -48 v a 20 - 100 ma dc para manter um caminho de voz e sinalização. O auricular do telefone não necessita de polarização, mas o microfone de carbono sim. A sinalização do assinante é efectuada colocando temporariamente um curto-circuito no lacete, alterando assim a corrente do lacete, que é então detectada na central.

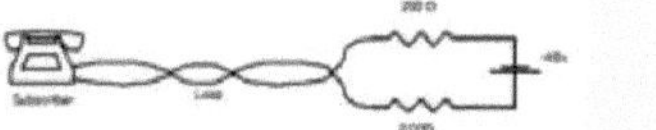

Existem várias formas de fornecer corrente de circuito, sendo a mais simples uma resistência em série com uma bateria.

Outra forma de fornecer corrente de circuito é através de uma fonte de corrente eletrónica.

Embora este método seja bastante complexo, tornou-se bastante popular com o advento da tecnologia bipolar de alta tensão. Um dos requisitos mais difíceis de cumprir é o requisito de equilíbrio de linha longitudinal de 60 dB. Para atingir este objetivo, a impedância à terra em cada lado do circuito deve corresponder a 0,1%. Isto é fácil de fazer com resistências de película espessa aparadas a laser, mas é um pouco complicado com fontes de corrente.

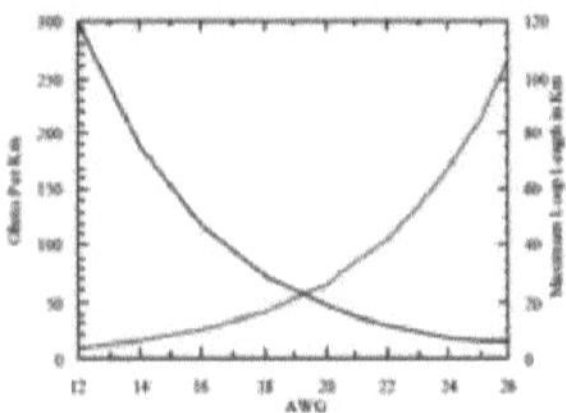

Fig. 1.8. Distribuição do ruído

Um telefone normal requer um mínimo de cerca de 20 mA. Isto significa que a resistência máxima possível do laço é de cerca de 2000 Ω. Na prática atual, o laço está geralmente limitado a 1250 W. O comprimento máximo do laço é determinado pelo calibre do fio.

1.8.4. O - Proteção contra sobretensão

Os dois principais tipos de sobretensão que podem ocorrer são as descargas atmosféricas e o contacto com a linha eléctrica. Em ambos os casos, o circuito deve ser recuperado ou colocado à prova de falhas.

Em nenhuma circunstância se pode permitir que um pico de tensão se propague para além do sistema ou crie um incêndio.

A proteção inicial contra picos de tensão é fornecida no MDF por tubos de gás e/ou blocos de carbono, que se activam se a tensão aplicada exceder algumas centenas de volts. Uma vez que estes dispositivos demoram um tempo finito a reagir, são também utilizados díodos de alta velocidade nas entradas do circuito de linha.

1.4.5. R - Toque

A campainha é frequentemente fornecida por meio de um gerador de campainha dedicado que está ligado ao lacete por meio de um relé. É possível gerar tensões de campainha na interface da linha se os geradores de corrente tiverem à sua disposição uma fonte de tensão suficientemente elevada. Ou, em alternativa, pode ser colocado na interface um conversor de comutação com capacidade de aumento de tensão.

1.4.6. S - Supervisão e sinalização

A central deve supervisionar o lacete de modo a identificar os pedidos de serviço dos clientes. Uma solicitação de serviço é iniciada ao sair do gancho. Isto simplesmente retira a corrente do lacete do CO.

A corrente de laço na extremidade distante é monitorizada durante o toque para permitir que o CO desligue o gerador de toque quando o telefone é atendido. O escritório continua a monitorizar a corrente de laço em ambas as extremidades da ligação durante toda a chamada, para determinar quando a chamada é terminada com o desligamento.

A sinalização é uma forma de informar ao CO o que o cliente deseja. Os dois métodos básicos de sinalização utilizados nos lacetes de cliente são o pulso de marcação e o tom de toque. É interessante notar que o método de sinalização do lacete do cliente preferido nas centrais analógicas é o digital, enquanto o método preferido nas centrais digitais é o analógico.

1.4.7. MF Tons de sinalização

São utilizados dois tons para efetuar a função de sinalização para eliminar a possibilidade de a fala ser interpretada como um sinal. Antigamente, os descodificadores DTMF eram dispositivos dispendiosos e volumosos localizados numa baía de equipamento comum, mas hoje em dia, com o advento da tecnologia LSI, esta função pode ser executada num chip. Um exemplo é o filtro DTMF Mitel

MT8865 e o descodificador DTMF MT8860. As posições 11 a 14 não estão a ser utilizadas atualmente.

1.4.8. C - Codificação

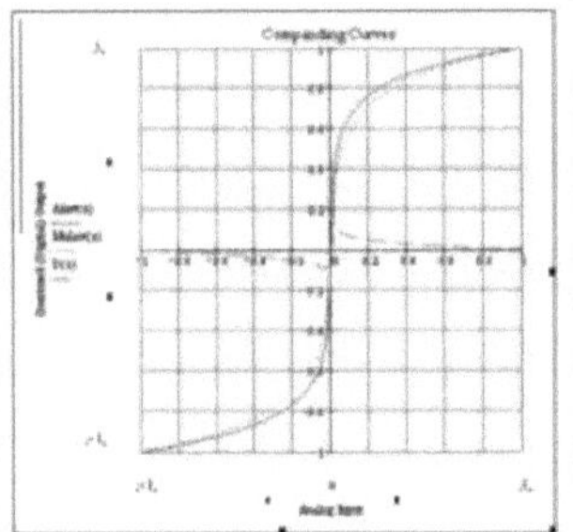

Fig. 1.9. Técnica de codificação

Os sinais de telecomunicações raramente são codificados linearmente, mas sim compandidos (uma combinação de compressão e expansão). Isto permite um rácio S/N mais uniforme em toda a gama de tamanhos de sinal. Sem a compactação, seria necessário um esquema de codificação linear de 12 bits para obter a mesma relação S/N em níveis de volume baixos. Reduz também os níveis de ruído e de diafonia no recetor.

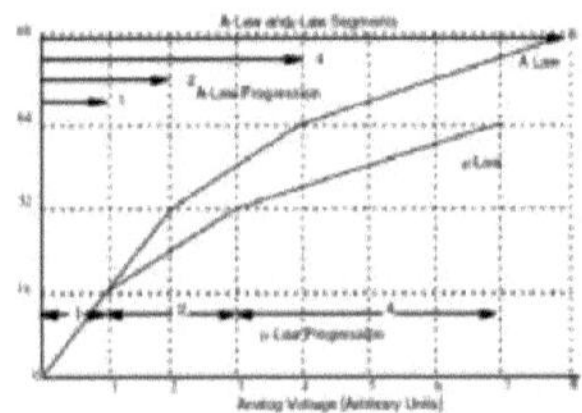

Fig. 1.10. Saída do codec

Uma vez que a frequência mais alta transmitida é de cerca de 3,4 kHz, é necessária uma grande dose de engenho para transmitir dados a 4,8, 9,6 kbps ou mesmo mais. Note-se que estes valores estão bem acima da taxa de Nyquist, mas consideravelmente abaixo do limite de Shannon-Hartley.

Atualmente, todos os sistemas telefónicos modernos utilizam codecs na interface BORSCHT para digitalizar os sinais analógicos de entrada. É irónico que, embora o sistema telefónico tenha sido atualizado para a tecnologia digital, o aparelho telefónico e o lacete tenham permanecido analógicos.

Por acordo internacional, todos os codecs de voz utilizam uma taxa de amostragem de 8 kHz. Uma vez que cada amostra transmitida tem 8 bits de comprimento, o sinal de voz analógico é codificado num vapor binário de 64 kbps. Esta taxa determina a taxa de dados de canal básica da maioria dos outros sistemas de comunicações digitais.

Contornando o codec, é possível enviar dados do cliente a 64 kbps através do sistema telefónico. No entanto, devido aos antigos esquemas de sinalização ainda em uso, as taxas de dados digitais são frequentemente limitadas a 56 kbps.

1.4.9. H - Híbrido

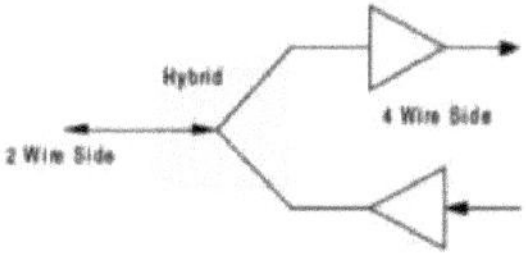

Fig. 1.11. Híbrido

Um diplexador efectua uma conversão bidirecional de 2 fios para 4 fios. Permite que dois caminhos eléctricos unidireccionais sejam combinados num único caminho bidirecional, e vice-versa. É vantajoso separar as partes de transmissão e receção do sinal, uma vez que é mais fácil fabricar amplificadores, filtros e dispositivos lógicos unidireccionais.

Uma das formas mais simples de criar um híbrido de banda de áudio é usar um híbrido de transformador.

1.4.10. Transformador híbrido de núcleo único

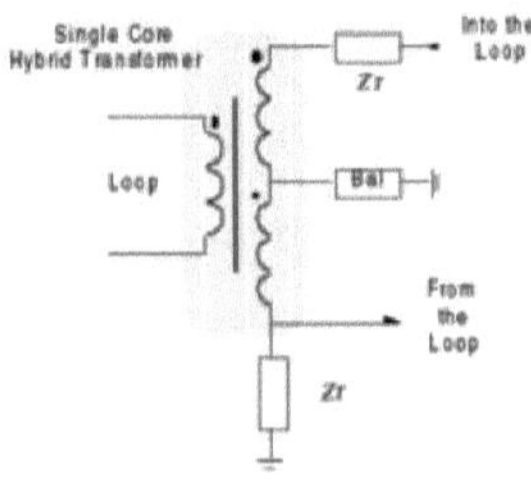

Fig.1.12. Transformador híbrido

Existem várias maneiras de dividir os caminhos de transmissão e receção, o método mais simples utiliza um transformador híbrido de núcleo único.

As equações básicas que definem o transformador são:

$$\frac{V_1}{n_1} = \frac{V_2}{n_2} = \frac{V_3}{n_3} = \cdots \qquad and \qquad I_1 n_1 + I_2 n_2 + I_3 n_3 + \cdots = 0$$

Para um híbrido de núcleo único com um secundário com derivação central, as relações de impedância para um funcionamento correto (conjugado) são

$$for \qquad n_2 = n_3 \qquad Z_2 = Z_3 = 2Z_4 \qquad and \qquad Z_1 = \left(\frac{n_2}{n_1}\right)^2 Z_4$$

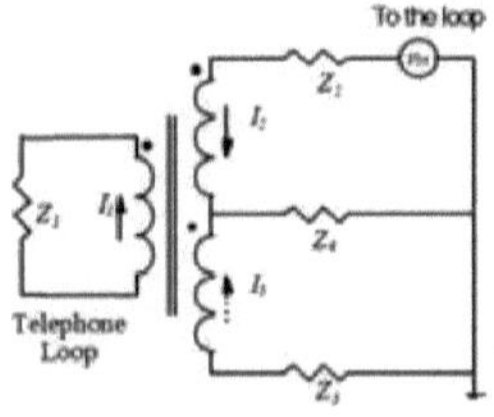

Fig.1.13. Ligação em laço

Repare no que acontece se o transformador for acionado por um dos enrolamentos secundários:

$$let \qquad n_1 = n_2 = n_3 \qquad \therefore I_3 = -I_1 - I_2$$

Mas I_1 e I_2 fluem em direcções opostas, portanto:

$$I_3 = -(-I)_1 - I_2 \qquad and \; if \qquad |I_1| = |I_2| \qquad then \qquad I_3 = 0$$

Este último requisito pode ser satisfeito ajustando as impedâncias Z1 - Z4 para que as correntes sejam iguais. A partir disso, observe que os sinais injetados em qualquer porta emergem apenas nas portas adjacentes, mas não na porta oposta.

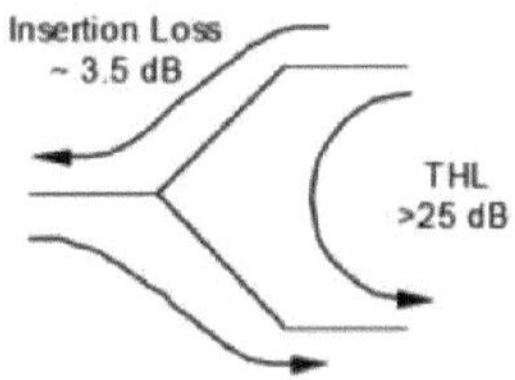

Fig.1.14. Distribuição das perdas

Num híbrido de núcleo único corretamente equilibrado, a perda típica de rendimento ou de inserção é de cerca de 3,5 dB e a THL (perda híbrida trans) é de cerca de 25 dB.

1.4.11. Híbrido de núcleo duplo

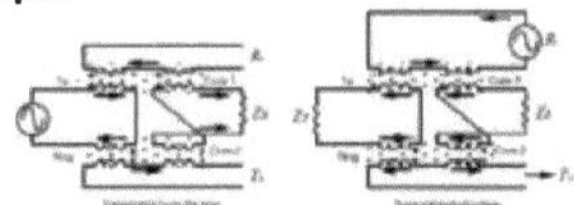

Fig.1.15. Híbrido de núcleo duplo

Quando corretamente equilibrada, uma rede de 2 núcleos pode atingir um THL de 50 dB, enquanto a perda de inserção se mantém em cerca de 3,5 dB. Tem melhor desempenho do que o dispositivo de núcleo único, mas é mais volumoso e mais caro.

1.5   Balanceamento de redes

Todos os equipamentos de telecomunicações são testados e caracterizados em relação a terminações de impedância padrão. Estas impedâncias baseiam-se em levantamentos de linhas e são representações aproximadas de circuitos equivalentes da instalação de cablagem exterior.

1.5.1. T - Ensaios

Para manter um elevado grau de serviço (99,999%), o equipamento deve ser capaz de detetar e reparar falhas antes mesmo de o cliente se aperceber de que pode haver um problema. Como resultado, um barramento de teste separado e um relé de acesso são fornecidos numa interface de linha. Os testes podem ser efectuados em modo de ponte ou com o lacete e a placa de linha desligados um do outro. O teste pode ser feito em três direcções básicas:

-Da   interface de linha em direção ao loop de assinante

-Da   ligação de laço para a placa de linhas

-Estes testes são geralmente automatizados e são realizados tarde da noite, quando há pouca probabilidade de o cliente solicitar o serviço, interrompendo assim o teste. Alguns dos testes programados podem incluir:

>Níveis de transmissão e receção
>Resposta de frequência de transmissão e receção
>Perda de inserção
>Perda trans-híbrida
>Distorção de quantização

>Distorção de aliasing   Alguns outros testes que podem ser efectuados durante a entrada em funcionamento de uma linha ou quando é apresentada uma queixa incluem
>Ensaio de ruído de impulso
>Ruído de mensagem C
>Equilíbrio longitudinal

1.5.2 Repetidores

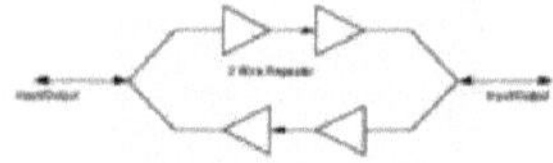

Fig.1.16. Repetidor

Ao colocar dois híbridos costas com costas, é possível criar um amplificador ou repetidor bidirecional. O ganho total no caminho de 4 fios dentro do repetidor não deve exceder a perda híbrida combinada dos transformadores. Se isso acontecer, o circuito irá oscilar ou cantar. O ganho total no caminho de 4 fios dentro do repetidor não deve exceder a perda híbrida trans combinada dos transformadores. Se isso acontecer, o circuito irá oscilar ou cantar.

1.5.3. Hierarquia telefónica

Sempre que se faz uma chamada telefónica, a voz é ligada através de uma central local ao sistema telefónico. A partir daí, passa por pelo menos uma outra central local, que está ligada à chamada telefónica. Várias outras instalações podem fornecer serviços de comutação, multiplexagem e outros serviços necessários para transmitir o sinal de voz.

O sistema telefónico é designado por *rede telefónica pública comutada (PSTN)*.

A organização desta hierarquia nos Estados Unidos é analisada nas secções seguintes.

1.5.4. Escritório Central

A *central telefónica* ou *central local* é a instalação à qual o telefone está diretamente ligado por um cabo de par trançado. Também conhecida como *end office (EO)*, a central local pode servir até 10.000 assinantes, cada um dos quais é identificado por um número de quatro dígitos de 0000 a 9999 (os últimos quatro dígitos do número de telefone). A central local também tem um número de central. Estes são os três dígitos adicionais que compõem um número de telefone. Obviamente, pode haver até 1000 centrais telefónicas com números de 000 a 999. Estas centrais passam a fazer parte de uma região de código de área, que é definida por um número adicional de três dígitos. Cada indicativo de área está totalmente contido numa das áreas geográficas atribuídas a uma das empresas de exploração regional.

Estas empresas são designadas por *"local exchange carriers"* ou *"local exchange companies" (LECs)*.

1.5.5. Relações operacionais:

Os LEC prestam serviços telefónicos a áreas geográficas designadas como *áreas de acesso e transporte locais (LATA)*. Os Estados Unidos

Os Estados Unidos estão divididos em cerca de 200 LATAs. As LATAs são definidas no âmbito dos estados individuais que constituem as sete regiões operacionais. Os LEC fornecem o serviço telefónico para as LATAs dentro das suas regiões, mas não fornecem serviços de longa distância para as LATAs.

O serviço de longa distância é prestado por transportadores de longa distância conhecidos como *transportadores interexchange (IXC)*. Os IXC são os conhecidos transportadores de longa distância, como a AT&T, a Verizon e a Sprint. Os transportadores de longa distância devem ser utilizados para a interconexão de quaisquer ligações inter- LATA. Os LEC podem prestar serviços telefónicos nos LATA que fazem parte da sua região de exploração, mas as ligações entre os LATA de uma região, mesmo que sejam diretamente adjacentes, devem ser efectuadas através de um IXC.

Cada LATA contém um *gabinete de serviço,* ou *ponto de presença (POP),* que é utilizado para fornecer as interconexões aos IXC. As centrais locais comunicam entre si através de troncos individuais. E todas as centrais locais se ligam a uma central LEC, que fornece troncos para o POP. No POP, os transportadores de longa distância podem efetuar as suas ligações de interface. Os POP devem fornecer acesso igual a qualquer transportador de longa distância que deseje ligar-se. Muitos POP estão ligados a múltiplos IXC, mas em muitas áreas, apenas um IXC serve um POP.

A figura resume a hierarquia que acabámos de discutir. Os telefones individuais de uma LATA ligam-se à central local ou à central telefónica através do lacete local de dois fios. As centrais de uma LATA estão ligadas entre si por troncos. Estes troncos podem ser cabos de par entrançado de banda de base normalizados, instalados no subsolo ou em postes telefónicos, mas também podem ser cabos coaxiais, cabos de fibra ótica ou ligações rádio de micro-ondas. Em algumas áreas, duas ou mais centrais estão localizadas no mesmo edifício ou instalação física.

As interligações de troncos são normalmente efectuadas por cabos. As centrais locais estão também ligadas a uma central LEC quando não é possível estabelecer uma ligação entre duas centrais locais que não estejam diretamente ligadas por troncos. A chamada passa da central local para a central LEC, onde é efectuada a ligação à outra central local. A central do LEC também está ligada ao POP. Dependendo da organização do LEC na LATA, o escritório central do LEC pode conter o POP. Note-se na figura que o POP fornece as ligações aos operadores de longa distância, ou IXC. A "nuvem" representa as redes de longa distância dos IXCs. A rede de longa distância liga-se aos POPs remotos, que, por sua vez, estão ligados a outras centrais e centrais locais.

A maior parte dos outros operadores de longa distância têm as suas próprias disposições hierárquicas específicas. Uma variedade de gabinetes de comutação em todo o país estão ligados por troncos que utilizam cabo de fibra ótica ou ligações de retransmissão por micro-ondas. As técnicas de multiplexagem são utilizadas em todo o lado para fornecer muitos caminhos simultâneos para as chamadas telefónicas.

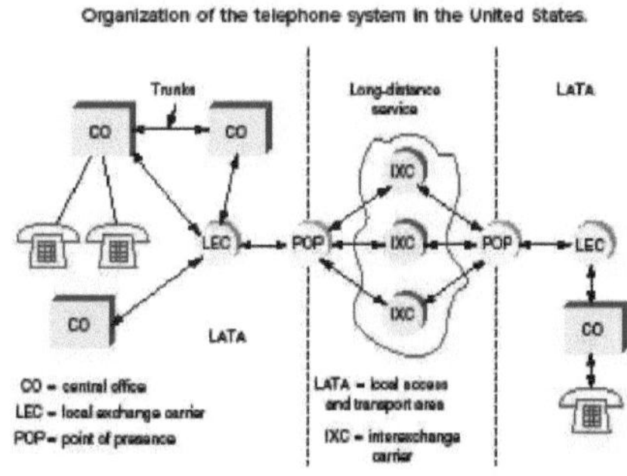

Em todos os casos, as várias centrais e centros de encaminhamento fornecem serviços de comutação. A ideia geral é permitir que qualquer telefone se ligue diretamente a qualquer outro telefone específico. O objetivo de todos os diferentes níveis na hierarquia do sistema telefónico é fornecer as linhas de tronco de interligação, bem como o equipamento de comutação que faz a interligação desejada.

As conexões entre centrais, centrais e LEC e POPs são digitais e utilizam os esquemas de multiplexação T1 e T3 descritos no Cap. 12. O método de transmissão em longa distância é o cabo de fibra ótica usando protocolos conhecidos como o modo de transferência assíncrono (ATM), a rede ótica síncrona (SONET) e a rede de transporte ótico (OTN).

1.6. Sistema telefónico privado

O serviço telefónico prestado a empresas ou grandes organizações com muitos empregados e muitos telefones é consideravelmente diferente do serviço básico de linha de assinante prestado a particulares. Dependendo da dimensão da organização, podem ser necessários dezenas, centenas ou mesmo milhares de telefones. Simplesmente não é económico fornecer a cada telefone da organização a sua própria ligação de lacete local separada à central. É também uma utilização ineficiente de instalações dispendiosas utilizar uma central remota para comunicações entre empresas. Por exemplo, um indivíduo num escritório pode frequentemente precisar de fazer uma chamada interempresarial para uma pessoa noutro escritório, que pode estar apenas a algumas portas do corredor ou a alguns andares de distância. Fazer esta ligação através da central local é um desperdício.

Este problema é resolvido através da utilização de *sistemas telefónicos privados* dentro de uma empresa ou organização. Os sistemas telefónicos privados implementam o serviço telefónico entre os telefones da organização e fornecem uma ou mais ligações de lacete local à central telefónica. Os dois tipos básicos de sistemas telefónicos privados são conhecidos como *sistemas de chaves* e *centrais telefónicas privadas.*

1.6.1. Sistemas principais

Os sistemas de teclas são pequenos sistemas telefónicos concebidos para servir de 2 a 50 telefones de utilizadores numa organização. Os sistemas disponíveis no mercado têm normalmente capacidade para 6, 10, 12 ou 50 telefones.

Os sistemas telefónicos de teclas simples são constituídos por unidades telefónicas individuais, geralmente designadas por *estações,* todas elas ligadas a uma central telefónica. O posto de atendimento central está ligado a uma ou mais linhas de lacete local, conhecidas como *troncos,* de volta à central local. A maioria dos sistemas contém também uma unidade central de comutação eletrónica que efectua todas as ligações internas e externas.

Os aparelhos telefónicos de um sistema de teclas têm normalmente um grupo de botões que permitem a cada telefone selecionar duas ou mais linhas troncais de saída. As chamadas telefónicas são efectuadas da forma habitual.

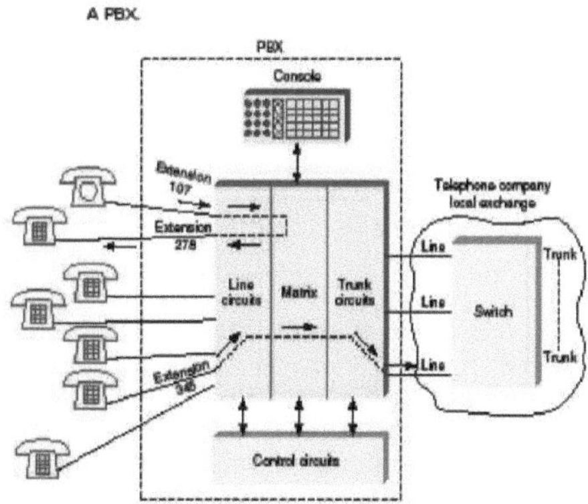

Fig.1.18. Troca de cabina pública

1.6.2. Central telefónica privada

Uma *central telefónica privada,* ou *PBX,* como é conhecida, é um sistema telefónico privado para grandes organizações. A maioria dos PBX está configurada para lidar com 50 ou mais interconexões telefónicas. Podem gerir milhares de telefones individuais dentro de uma organização. Estes sistemas também podem ser designados por centrais telefónicas *automáticas privadas (PABX)* ou *centrais telefónicas de computadores (CPX).* Dos três termos, a expressão *PBX* é a mais conhecida e utilizada. Um PBX é, de facto, um sistema telefónico completo em miniatura. Fornece interconexões de banda base a todos os telefones de uma organização. Todos os telefones se ligam a um sistema de comutação central que faz ligações entre empresas, bem como ligações externas a várias linhas de tronco para o escritório central. Tal como o sistema de teclas, o PBX oferece as vantagens da eficiência e da redução de custos quando são necessários muitos telefones. As chamadas entre escritórios podem ser completadas pelo sistema PBX sem aceder à central local. Além disso, é mais económico limitar o número de linhas de tronco para a central telefónica, uma vez que nem todos os telefones da organização tentarão aceder a uma linha externa ao mesmo tempo. O PBX moderno é geralmente totalmente automatizado por controlo informático. Embora não seja necessário um operador, a maioria das grandes organizações tem um ou mais operadores que atendem as chamadas telefónicas recebidas e as encaminham adequadamente através de uma consola de controlo. No entanto, alguns PBX são automatizados de modo a que o telefone do utilizador individual, cuja extensão corresponde aos últimos quatro dígitos do número de telefone, possa ser chamado diretamente do exterior.

A partir da figura, o PBX é composto por circuitos de linha que são semelhantes aos circuitos de interface da linha de assinante discutidos anteriormente. A matriz é o comutador eletrónico que liga qualquer telefone a qualquer outro telefone do sistema. Permite também efetuar chamadas em conferência. Os circuitos de tronco fazem a interface com as linhas de lacete local para a central telefónica. Todos os circuitos estão sob o controlo de um computador central dedicado ao funcionamento do PBX.

Uma alternativa ao PBX é conhecida como *Centrex*. Este serviço, normalmente fornecido pela companhia telefónica local, desempenha a função de um PBX, mas utiliza equipamento especial e a maior parte da comutação é efectuada pelo equipamento de comutação da central local através de linhas de tronco especiais. A sua vantagem em relação a um PBX normal é que o elevado custo inicial do equipamento PBX pode ser evitado através do aluguer do equipamento Centrex junto da companhia telefónica.

1.7. Telefones electrónicos

Atualmente, todos os novos telefones são electrónicos e utilizam a tecnologia de circuitos integrados. O desenvolvimento do microprocessador também afectou a conceção dos telefones. Embora os telefones electrónicos simples não contenham um microprocessador, a maior parte dos telefones com várias linhas e com todas as funcionalidades contêm-no. Um microprocessador incorporado permite o controlo automático das funções do telefone e proporciona características como o armazenamento de números de telefone e a marcação e remarcação automáticas que não são possíveis nos telefones convencionais.

1.7.1. Telefone eletrónico IC

Os principais componentes de um circuito telefónico eletrónico típico são apresentados na figura. A maior parte das funções são implementadas com circuitos contidos num único CI. Na figura, note-se que o teclado de tom tátil acciona um circuito gerador de tom DTMF. Um cristal externo ou um ressonador de cerâmica fornece uma referência de frequência precisa para gerar os tons de marcação dupla. A campainha de tom é accionada pelo sinal de toque de 20 Hz da linha telefónica e acciona um elemento sonoro piezoelétrico. O IC também contém um regulador de tensão de linha incorporado. Este recebe a tensão dc do circuito local e estabiliza-a para fornecer uma tensão constante aos circuitos electrónicos internos. Um díodo zener externo e um transístor fornecem polarização ao microfone de eletreto.

A rede interna de voz contém uma série de amplificadores e circuitos relacionados que duplicam totalmente a função de um híbrido num telefone normal. Este CI também contém uma interface de microcomputador. A caixa identificada como MPU é uma *unidade de microprocessamento de* chip único. Embora não seja necessário utilizar um microprocessador, se a marcação automática e outras funções forem implementadas, este circuito é capaz de as acomodar.

Por fim, observe o retificador em ponte e o circuito do interrutor do gancho. O par trançado do loop local é conectado à ponta e ao anel. Ambas as tensões de 48 Vcc e de 20 Hz do anel serão aplicadas a esta ponte rectificadora. Para corrente contínua, a ponte rectificadora fornece proteção de polaridade para o circuito, assegurando que a tensão de saída da ponte é sempre positiva. Quando a tensão de toque CA é aplicada, a ponte rectificadora transforma-a numa tensão CC pulsante. O interrutor do gancho é mostrado com o telefone no gancho ou na posição "hung-up". Assim, a tensão contínua não está ligada ao circuito neste momento.

No entanto, a tensão de toque CA será acoplada através da resistência e do condensador à ponte, onde será rectificada e aplicada aos dois díodos zener *D1* e *D2* que accionam o circuito de toque de tom.

Quando o telefone é retirado do gancho, o interrutor do gancho fecha-se, fornecendo um caminho de corrente contínua à volta da resistência e do condensador *R1* e C1. O caminho para o sinal sonoro é interrompido, e a saída da ponte rectificadora é ligada ao díodo zener *D3* e ao regulador de tensão de linha.

Assim, os circuitos no interior do CI são alimentados e as chamadas podem ser recebidas ou efectuadas.

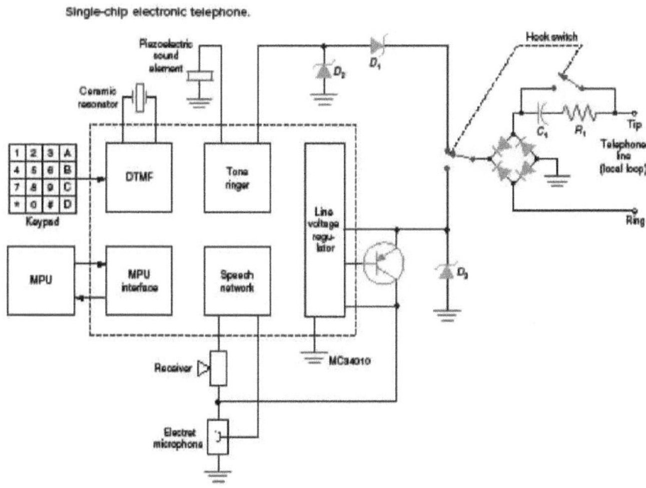

Fig.1.19. Telefone eletrónico

1.7.2. Controlo por microprocessador

Todos os telefones electrónicos modernos contêm um microcontrolador incorporado. Como qualquer microcontrolador, é constituído pela CPU, por uma ROM na qual é armazenado um programa de controlo, por uma pequena quantidade de memória de leitura e escrita de acesso aleatório e por circuitos de E/S. O microcontrolador, geralmente um CI de um só chip, pode ser diretamente ligado ao CI do telefone, ou pode ser utilizado algum tipo de circuito de interface intermédio.

As funções executadas pelo microcomputador incluem o funcionamento do teclado e de qualquer ecrã LCD, se existente. Algumas outras funções envolvem a memorização de números de telefone e a remarcação automática. Muitos telefones avançados têm a capacidade de armazenar 10 ou mais números habitualmente chamados. O utilizador coloca o telefone em modo de programação e utiliza o teclado tátil para introduzir os números mais frequentemente marcados. Estes são guardados na memória RAM do microcontrolador. Para marcar automaticamente um dos números, o utilizador carrega num botão na parte da frente do telefone. Este pode ser um dos botões do Touch Tone ou um conjunto separado de botões fornecidos para o efeito.

Quando um dos botões de pressão é premido, o microcontrolador fornece um conjunto pré-programado de códigos binários ao circuito DTMF no CI do telefone. Assim, o número é automaticamente marcado. Outras características implementadas pelo microcontrolador são o identificador de chamadas e um atendedor de chamadas.

1.7.3. Correio de voz

Anteriormente chamada de atendedor de chamadas, esta função está implementada na maioria dos telefones electrónicos. O microcontrolador atende automaticamente a chamada após um número pré-programado de toques e guarda a mensagem de voz. Nos atendedores de chamadas mais antigos, a mensagem era gravada numa cassete. Mas nos telefones modernos, a mensagem de voz é digitalizada, comprimida e depois armazenada numa pequena memória ROM pronta a ser reproduzida. A mensagem de saída também é armazenada lá.

1.7.4. Identificação do autor da chamada

O identificador de chamadas, também conhecido como *serviço de identificação da linha chamadora,* é uma funcionalidade que está agora amplamente implementada na maioria dos telefones electrónicos.

Com esta função, qualquer número de chamada será apresentado num visor LCD quando o telefone estiver a tocar. Isto permite identificar o autor da chamada. O serviço de identificação de chamadas envia uma versão digitalizada do número de chamada para o telefone durante o primeiro e segundo toques. Os dados transmitidos incluem a data, a hora e o número de chamada. Os dados são transmitidos por FSK, em que um 1 binário (marca) é um tom de 1200 Hz e um 0 binário (espaço) é um tom de 2200 Hz. A taxa de dados é de 1200 bps.

Estão a ser utilizados dois formatos de mensagem, o formato de *mensagem de dados únicos (SDMF)* e o *formato de mensagem de dados múltiplos (MDMF).* O SDMF é ilustrado na figura. Meio segundo após o primeiro toque, são transmitidos 80 bytes de 0s e 1s alternados (hex 05) durante 250 ms, seguidos de 70 ms de símbolos de marca. Estes dois sinais permitem a inicialização e a sincronização do circuito de identificação de chamadas no telefone. Segue-se 1 byte que descreve o tipo de mensagem. Trata-se normalmente de um 4 binário (00000100), que indica o SDMF.

Segue-se um byte que contém o comprimento da mensagem, normalmente o número de dígitos do número de chamada. De seguida, são transmitidos os dados. São a data, a hora e o número de telefone de 10 dígitos transmitidos como bytes ASCII, com o dígito menos significativo em primeiro lugar. O formato dos dados é de 2 dígitos para o mês, 2 dígitos para o dia, 2 dígitos para a hora (hora militar), 2 dígitos para os minutos e até 10 dígitos para o número de chamada. Por exemplo, se a data for 14 de fevereiro, a hora for 3:37 p.m. e o número de chamada for 512-499-0033, a sequência de dados será 021415375124990033. O byte final da mensagem é a soma de controlo que é utilizada para a deteção de erros. A soma de verificação é a soma do complemento de 2s (XOR) de todos os bytes de dados, não incluindo os sinais de inicialização e sincronização.

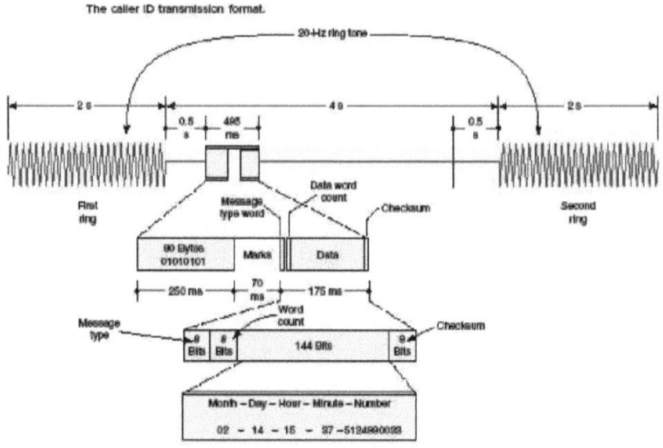

Fig.1.20. Formato de transmissão do identificador de chamadas

Se o número chamador estiver fora da área de chamada, o sistema apresentará um O no LCD em vez do número chamador. Além disso, um chamador também pode ter o seu número bloqueado. Isto pode ser feito configurando-o previamente com o fornecedor de serviços ou marcando *67 antes de efetuar a chamada. Isto fará com que seja apresentado um P no LCD em vez do número de chamada. Um formato de dados mais avançado é o MDMF. É semelhante ao SDMF, mas inclui um campo extra para o nome da parte que efectua a chamada e bytes de identificação adicionais.

1.7.5. Interface de linha

A maioria dos telefones é ligada através de um cabo multifilar fino a uma tomada de parede. Um conetor especial no cabo, chamado *conetor modular RJ-11,* é ligado à tomada de parede correspondente. Se necessário, estão disponíveis dois circuitos locais.

A tomada de parede está ligada, através de cabos no interior das paredes, a um ponto de cablagem central chamado *interface de assinante*. Também conhecida como *bloco de cablagem* ou *interface modular,* trata-se de uma pequena caixa de plástico que contém todos os fios que ligam a linha da companhia telefónica a todos os fios de telefone da casa. Muitas casas e apartamentos estão ligados de modo a que haja uma tomada de parede em cada divisão.

A linha da companhia telefónica passa normalmente por um protetor que fornece proteção contra raios. Termina depois na caixa de interface. São fornecidos um conetor RJ-11 e uma ficha para ligação ao resto da cablagem. Isto dá à companhia telefónica uma forma de desligar a linha de entrada do resto da cablagem da casa e facilita os testes e a resolução de problemas.

Toda a cablagem é feita através de terminais de parafuso. Para uma casa com uma só linha, as ligações da ponta e do anel verdes e vermelhas terminam nos terminais, e toda a cablagem para as tomadas de parede da divisão é ligada em paralelo a estes terminais. Se for instalada uma segunda linha, os fios preto e amarelo, que são as ligações da ponta e do anel, também terminam em terminais de parafuso. São então ligados à cablagem interna da casa.

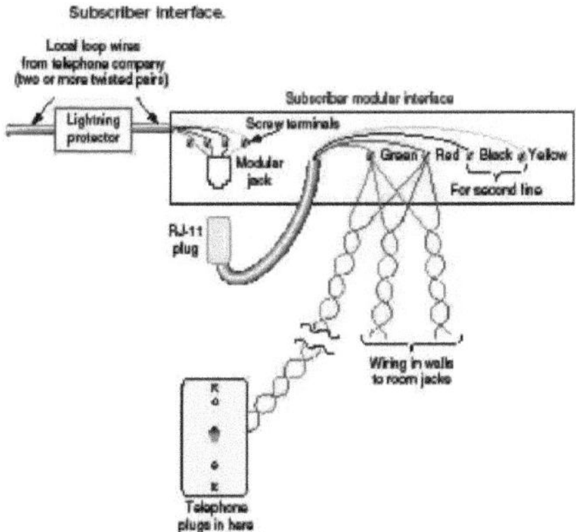

Fig.1.21. Interface da linha de assinante

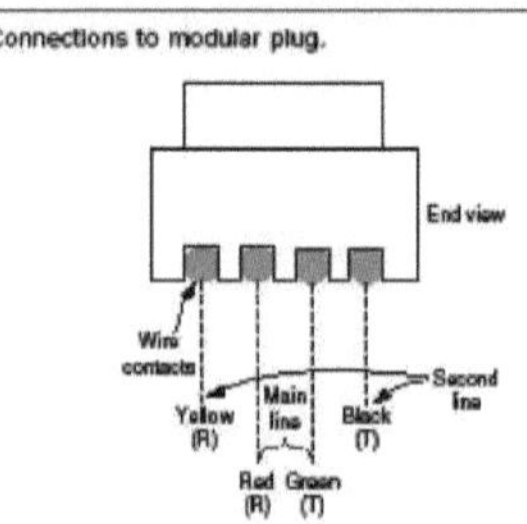

Fig. 1.22. Ligações de fichas modulares

As ligações no conetor RJ-11 são apresentadas na Figura. Os fios vermelho e verde terminam nas duas conexões centrais, e os fios preto e amarelo terminam nas duas conexões externas. A maioria dos fios telefónicos e dos conectores RJ-11 tem quatro fios e ligações. Alguns cabos têm apenas os dois fios internos. Com quatro fios, é possível acomodar um telefone de duas linhas.

1.8. Conceitos de telefone sem fios

Um **telefone sem fios** ou um **telefone portátil** substitui o fio do auscultador por uma ligação de rádio. O microtelefone comunica com uma estação de base ligada a uma linha telefónica fixa. O alcance é limitado, normalmente no mesmo edifício ou a uma curta distância da estação de base. A estação de base liga-se à rede telefónica da mesma forma que um telefone com fios.

O termo "sem fios" tem origem na técnica que permitiu aos assinantes ligarem uma pequena estação de base aos seus telefones, obtendo assim um grau limitado de mobilidade

Trata-se de sistemas de comunicação full duplex que utilizam o rádio para ligar um aparelho portátil a uma estação de base dedicada, que é depois ligada a uma linha telefónica dedicada com um número de telefone específico numa rede pública comutada.

Rede telefónica (PSTN).

O telefone sem fios é um telefone com um microtelefone sem fios que comunica através de ondas de rádio com uma estação de base ligada a uma linha telefónica fixa, normalmente dentro de um alcance limitado da sua estação de base (que tem o suporte do microtelefone). Existem várias gerações de sistemas sem fios CT0, CT1, CT2, DECT e PHP.

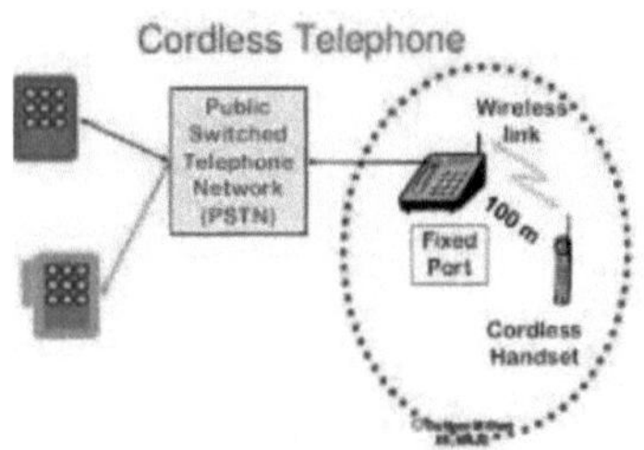

Fig. 1.23. Telefone sem fios

Um telefone sem fios é um sistema de rádio bidirecional composto por duas unidades, a unidade portátil ou auscultador e a unidade de base. A unidade de base é ligada à linha telefónica por meio de um conetor modular. A alimentação eléctrica é fornecida pela linha CA. A unidade de base é um transcetor completo, na medida em que contém um transmissor que envia o sinal áudio recebido para a unidade portátil e recebe os sinais transmitidos e retransmitidos na linha telefónica.

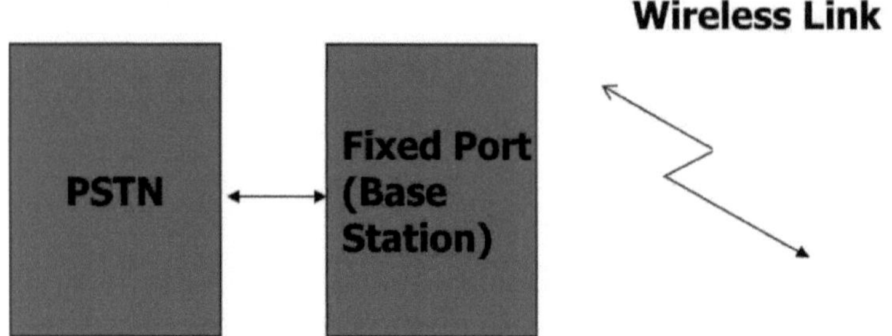

Fig. 1.24. Unidade base sem fios

A unidade de base contém um carregador de bateria que rejuvenesce a bateria da unidade portátil. A unidade portátil também é um transcetor alimentado por bateria. Ambas as unidades têm uma antena. Os transceptores nas unidades portátil e base usam operação full-duplex.

Nos Estados Unidos, a Federal Communications Commission atribuiu sete bandas de frequência para utilizações que incluem os telefones sem fios. São elas:

- 1,7 MHz (1,64-1,78 MHz, até 5 canais, modulação AM

- 27 MHz, intercalados com rádios da Banda do Cidadão (CB)

- 43-50 MHz (Base: 43,72-46,97 MHz, Telefone: 48,76-49,99 MHz, atribuído em novembro de 1984 para 10 canais, e mais tarde 25 canais, modulação FM)

- 900 MHz (902-928 MHz, atribuído em 1993)

- 1,9 GHz (1880-1900 MHz, utilizado para comunicações DECT fora dos EUA)

- 1,9 GHz (1920-1930 MHz, desenvolvido em 1993 e atribuído em outubro de 2005, especialmente com DECT 6.0)

- 5,8 GHz (5725-5875 MHz, atribuído em 2003 devido à sobrelotação da banda de

2,4 GHz)

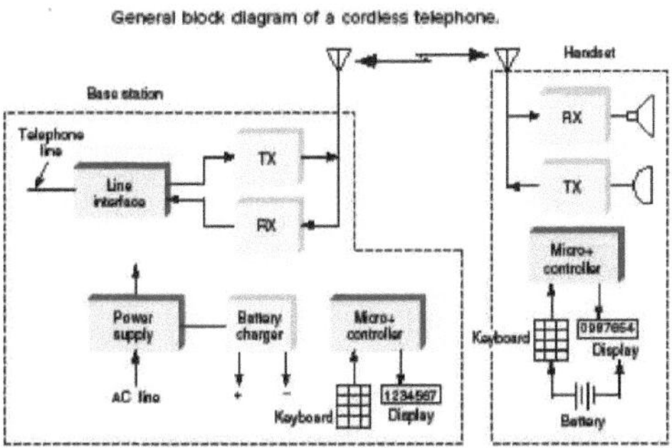

Fig. 1.25. Diagrama de blocos do telefone sem fios

A figura mostra diagramas de blocos simplificados das unidades de base e portátil de um telefone sem fios típico. Tanto a unidade de base como o microtelefone contêm um microcontrolador incorporado que controla todas as operações, incluindo o teclado e o ecrã. Uma elevada percentagem de unidades sem fios também contém uma função de identificação de chamadas e muitas contêm uma função de correio de voz. Um conversor analógico-digital converte uma mensagem de voz recebida em digital; esta é comprimida pelo microcontrolador e depois armazenada numa memória flash ligada ao microcontrolador.

1.8.1 Características, capacidades e limitações do telefone sem fios

A gama de frequências define as três classes básicas de telefones sem fios atualmente disponíveis, mas existem outras considerações. Segue-se um resumo dos três tipos básicos. Os telefones sem fios mais simples e menos dispendiosos utilizam a gama de 43 a 50 MHz. São telefones analógicos que utilizam modulação de frequência. A potência de saída do transmissor é limitada a 500 mW, o que, por sua vez, limita o alcance da transmissão a um máximo de cerca de 1000 pés, dependendo do ambiente. A FCC criou estas limitações deliberadamente para reduzir a quantidade de interferências com telefones sem fios próximos, bem como com os muitos monitores de bebé sem fios e walkie-talkies de brinquedo que utilizam as mesmas frequências.

Embora ainda existam alguns telefones de 43 a 50 MHz, a maior parte deles foi substituída pelos telefones digitais mais recentes.

Embora estes telefones mais antigos funcionem bastante bem, são susceptíveis ao ruído e o seu alcance é limitado. Se pretender uma maior qualidade e um maior alcance, pode utilizar telefones na gama de 900 MHz, 2,4 GHz ou 5,8 GHz. Estão disponíveis três tipos de telefones de 900 MHz. Estes são analógicos, digitais e de espetro alargado. Os telefones analógicos utilizam FM. Apesar de poderem transmitir a uma distância maior, continuam a ser susceptíveis ao ruído. Também está disponível um telefone digital de 900 MHz. Utiliza a modulação *Gaussian FSK (GFSK)*. Os melhores telefones de 900 MHz utilizam o *espetro de propagação de sequência direta (DSSS)*. Com uma potência até 1 W, a distância de transmissão é, no máximo, de cerca de 5000 a 7000 pés, consoante o ambiente e o terreno. Ambos os tipos de telefones digitais são altamente imunes ao ruído.

Os mais recentes e talvez os melhores telefones sem fios utilizam DSSS nas bandas de 2,4 GHz ou 5,8 GHz. O seu alcance máximo é de quase 7000 pés e são praticamente imunes ao ruído local. Embora estes telefones sejam muito mais caros, oferecem a melhor qualidade de som e a maior fiabilidade.

Na maior parte dos casos, os telefones sem fios nos Estados Unidos têm utilizado designs proprietários em vez de estarem em conformidade com uma norma específica. Uma vez que os telefones se destinam apenas a funcionar em casa ou num pequeno escritório e não existe qualquer requisito de interoperabilidade com outros telefones sem fios, qualquer tecnologia funcionará, desde que cumpra as directrizes da FCC relativas a frequências e modos de funcionamento. A situação é diferente na Europa, onde existem normas para telefones sem fios há muitos anos. A mais recente norma criada pelo Instituto Europeu de Normas de Telecomunicações (ETSI), denominada *Digital*

O sistema DECT (Enhanced Cordless Telecommunications) foi agora aprovado para utilização nos Estados Unidos. O DECT funciona na banda de 1,8 a 1,9 GHz para uso nos EUA. Os telefones DECT são digitais e utilizam modulação FSK gaussiana. Em vez de utilizar a duplexação por divisão de frequência (FDD) com dois canais, o DECT utiliza apenas um único canal e a duplexação por divisão de tempo (TTD). Num único canal, a multiplexagem por divisão do tempo permite 12 utilizadores por canal. Normalmente, estão disponíveis 10 canais. A taxa de dados bruta é de 1,152 Mbps. A última versão do telefone DECT é a 6.0, e estes telefones estão disponíveis nos Estados Unidos.

1.9. Aparelho de fax

Digitaliza o conteúdo de um documento (como uma imagem, não como texto) para criar sinais electrónicos. A digitalização é feita eletronicamente e o sinal digitalizado é convertido num sinal binário. Estes sinais são depois enviados para o destino (outro aparelho de fax) de forma ordenada através de linhas telefónicas. No destino, os sinais são reconvertidos numa réplica do documento original. Note-se que o fax fornece a imagem de um documento estático, ao contrário da imagem fornecida pela televisão de objectos que podem ser dinâmicos. O telecopiador moderno é uma máquina electro-ótica de alta tecnologia. É utilizada a transmissão digital com técnicas normais de modem.

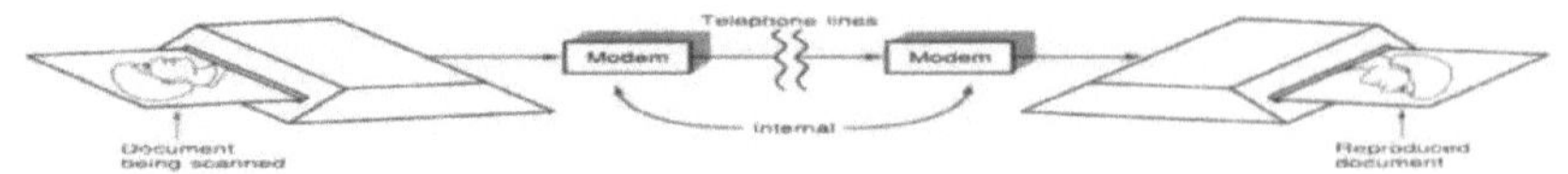

Fig. 1.26. Aparelho de fax

A figura mostra como uma carta impressa pode ter sido digitalizada. Suponha que a letra F é preta sobre um fundo branco. A saída de um fotodetector à medida que percorre a linha *a* é mostrada na Fig. (*a*). A tensão de saída é alta para o branco e baixa para o preto. A saída do fotodetector também é mostrada para as linhas de varrimento *b* e *c*. A saída do fotodetector é utilizada para modular uma portadora e o sinal resultante é colocado na linha telefónica. A resolução da transmissão é determinada pelo número de linhas de varrimento por polegada vertical. Quanto maior for o número de linhas digitalizadas, maior será o pormenor transmitido e maior será a qualidade da reprodução. Os sistemas mais antigos tinham uma resolução de 96 linhas por polegada (LPI) e os novos sistemas têm 200 LPI.

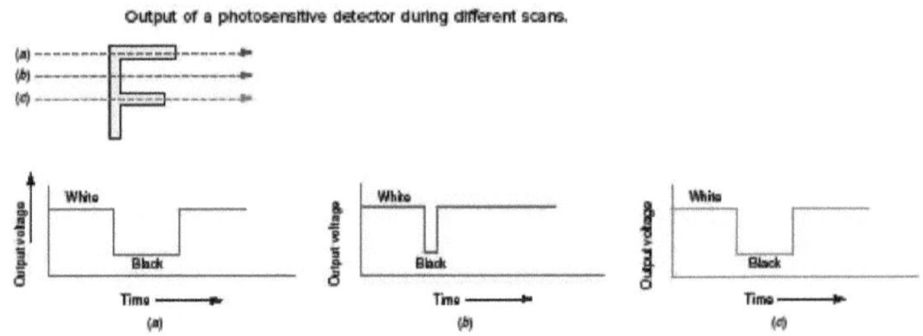

Fig. 1.27. Saída do fotodetector

1.9.1. Funcionamento do fax

Um fax é a produção de uma cópia exacta de um documento por digitalização eletrónica e a subsequente transmissão dos dados resultantes. Os faxes são transmitidos através de linhas telefónicas normais, utilizando aparelhos de fax. Numa transmissão típica de fax, o documento a enviar por fax é colocado no alimentador de documentos de um aparelho de fax e é marcado o número de telefone do aparelho de fax de destino. Num espaço de tempo muito curto, é recebida uma réplica do documento no telecopiador de destino. Pela sua própria natureza, os faxes podem conter qualquer informação que apareça sob a forma escrita. Como tal, os faxes contêm frequentemente informações de carácter pessoal ou confidencial.

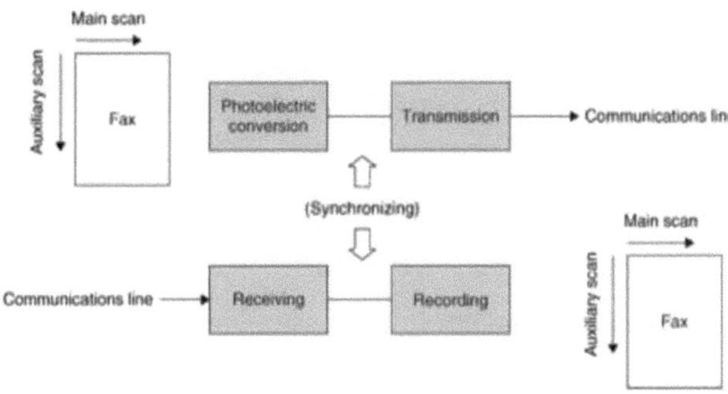

Fig. 1.28. Operação de digitalização

O processo começa com um scanner de imagem que converte o documento em centenas de linhas de varrimento horizontais. São utilizadas muitas técnicas, mas todas elas incorporam um dispositivo sensível à luz para converter as variações de luz ao longo de uma linha digitalizada numa tensão eléctrica. O sinal resultante é então processado de várias formas para tornar os dados mais pequenos e mais rápidos de transmitir. O sinal resultante é enviado para um modem onde modula uma portadora definida para o meio da largura de banda do espetro de voz do telefone. O sinal é então transmitido para a máquina de fax recetora através da rede telefónica pública comutada. O modem do aparelho recetor desmodula o sinal que é depois processado para recuperar os dados originais.

1.9.2. Telecopiadora com modem

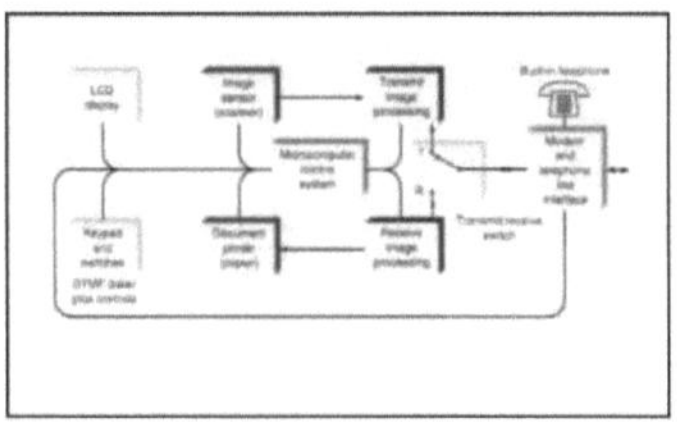

Fig. 1.29. Aparelho de fax com modem

É um dispositivo que pode ser ligado a um computador pessoal e que permite transmitir e receber documentos electrónicos sob a forma de faxes. Um modem de fax é como um modem normal, exceto no que se refere à transmissão de documentos para uma máquina de fax ou para outro modem de fax. Alguns faxes modem, mas não todos, desempenham uma função dupla como modems normais. Tal como os modems normais, os faxes modems podem ser internos ou externos. Os modems de fax internos são frequentemente designados por placas de fax. Os documentos enviados através de um fax modem já devem estar em formato eletrónico (ou seja, num ficheiro de disco) e os documentos recebidos são igualmente armazenados em ficheiros no disco. Para criar documentos de fax a partir de imagens em papel, é necessário um scanner ótico. Os modems de fax são fornecidos com software de comunicação semelhante ao software de comunicação dos modems normais. Este software pode dotar o fax modem de muitas capacidades que não estão disponíveis nos aparelhos de fax autónomos. Por exemplo, transmitir um documento de fax para vários sítios ao mesmo tempo.

A figura mostra um diagrama de blocos de uma máquina de fax moderna. O processo de transmissão começa com um scanner de imagem que converte o documento em centenas de linhas de varrimento horizontais. São utilizadas muitas técnicas diferentes, mas todas elas incorporam um dispositivo sensível à luz para converter as variações de luz ao longo de uma linha digitalizada numa tensão eléctrica.

O sinal resultante é então processado de várias formas para tornar os dados mais pequenos e, por conseguinte, mais rápidos de transmitir. O sinal resultante é enviado para um modem onde modula uma portadora definida para o meio da largura de banda do espetro de voz do telefone. O sinal é então transmitido à máquina de fax recetora através da rede telefónica pública comutada. O modem da máquina de fax recetora desmodula o sinal que é depois processado para recuperar os dados originais. Os dados são descomprimidos e depois enviados para uma impressora, que reproduz o documento. Como todos os telecopiadores podem transmitir e receber, são designados por *transcetores.* A transmissão é half duplex porque apenas uma máquina pode transmitir ou receber de cada vez.

A maioria das máquinas de fax tem um telefone incorporado e a impressora também pode ser utilizada como fotocopiadora. Um microcomputador incorporado trata de todo o controlo e funcionamento, incluindo o manuseamento do papel.

A maioria das máquinas de fax utiliza dispositivos acoplados carregados (CCDs) para digitalização. Um CCD é um dispositivo semicondutor sensível à luz que converte amplitudes de luz variáveis num sinal elétrico.

A compressão de dados é uma técnica de processamento de dados digitais que procura a redundância no sinal transmitido. . Cada aparelho de fax contém um modem incorporado que é semelhante a um modem de dados convencional para computadores.

1.9.3. Processamento de imagens

A maioria das máquinas de fax utiliza *dispositivos de carga acoplada (CCDs)* para digitalização. Um CCD é um dispositivo semicondutor sensível à luz que converte amplitudes de luz variáveis num sinal elétrico. O CCD típico é composto por muitos díodos minúsculos com polarização inversa que actuam como condensadores, fabricados numa matriz num chip de silício. A base forma uma grande placa de um condensador que está eletricamente separada por um dielétrico

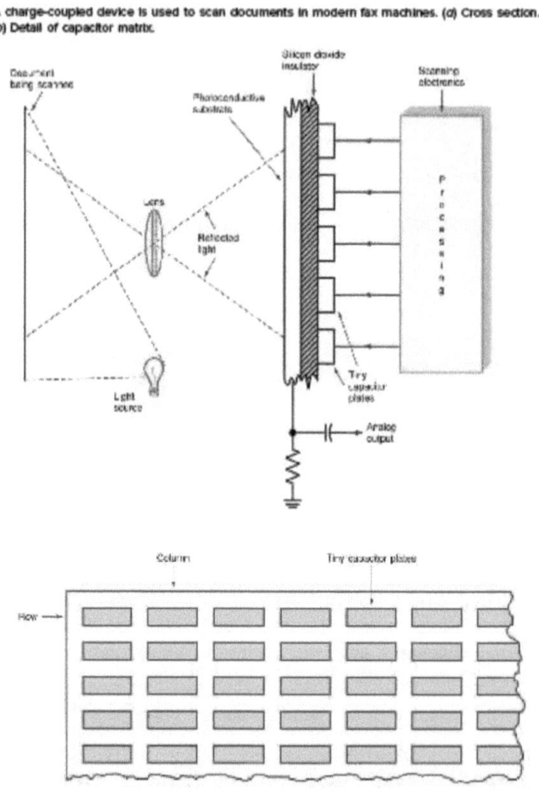

Fig. 1.30. Dispositivos acoplados carregados

de muitos milhares de pequenas placas de condensadores, como se mostra. Quando o CCD é exposto à luz, os condensadores do CCD carregam-se até um valor proporcional à intensidade da luz. Os condensadores são então digitalizados ou amostrados eletronicamente para determinar a sua carga. Isto cria um sinal de saída analógico que representa com exatidão a imagem focada no CCD. Um CCD é, na verdade, um dispositivo que divide qualquer cena ou imagem em *elementos de imagem individuais,* ou *pixéis.* Quanto maior for o número de condensadores do CCD, ou pixéis, maior será a resolução e mais fielmente poderá ser reproduzida uma cena, fotografia ou documento. Os CCD estão disponíveis com uma matriz de muitos milhares de pixéis, permitindo assim a transmissão de imagens de muito alta resolução. Os CCD são amplamente utilizados nas câmaras de vídeo modernas, em vez dos tubos vidicon, mais delicados e mais caros. Na câmara de vídeo (câmara de vídeo), a lente foca toda a cena numa matriz CCD. Esta mesma abordagem é utilizada em algumas máquinas de fax. Num tipo de telecopiadora, o documento a transmitir é colocado com a face para baixo, como numa fotocopiadora. O documento é então iluminado com luz brilhante de uma lâmpada de xénon ou fluorescente. Um sistema de lentes foca a luz reflectida num CCD. O CCD é então digitalizado e a saída resultante é um sinal analógico cuja amplitude é proporcional à amplitude da luz reflectida.

Na maioria das máquinas de fax de secretária, o documento inteiro não é focado num único CCD. Em vez disso, apenas uma parte estreita do documento é iluminada e examinada à medida que é movida através da máquina de fax com rolos. É utilizado um sistema complexo de espelhos para focar a área iluminada no CCD.

Os telecopiadores mais modernos utilizam um outro tipo de mecanismo de leitura que não utiliza lentes. O mecanismo de leitura é um conjunto constituído por uma matriz de LED e uma matriz de CCD. Estes estão dispostos de modo a que toda a largura de uma página normal de 81/2 3 11 polegadas seja digitalizada simultaneamente, uma linha de cada vez. A matriz de LEDs ilumina uma parte estreita do documento. A luz reflectida é captada pelo scanner CCD. Um scanner típico tem

2048 sensores de luz que formam uma linha de leitura. A Fig. 18-19 mostra uma vista lateral do mecanismo de digitalização. Os 2048 pixels de luz são convertidos em tensões proporcionais às variações de luz numa linha digitalizada. Estas tensões são convertidas de um formato paralelo para um sinal de tensão em série. O sinal analógico resultante é amplificado e enviado para um circuito AGC e um amplificador S/H. O sinal é então enviado para um conversor A/D onde os sinais de luz são traduzidos para palavras de dados binários para transmissão.

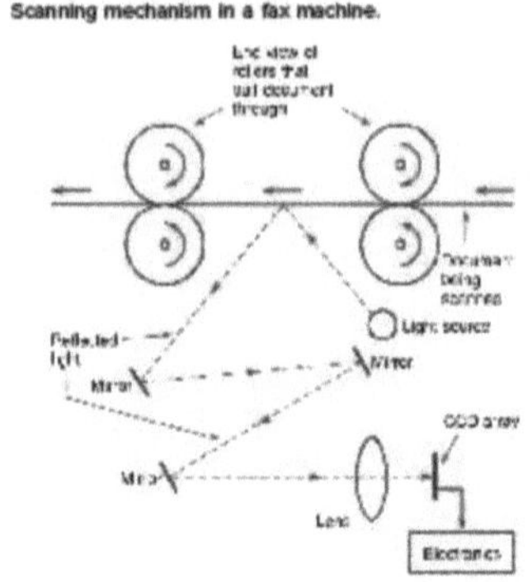

Fig. 1.31. Mecanismo de digitalização numa máquina de fax

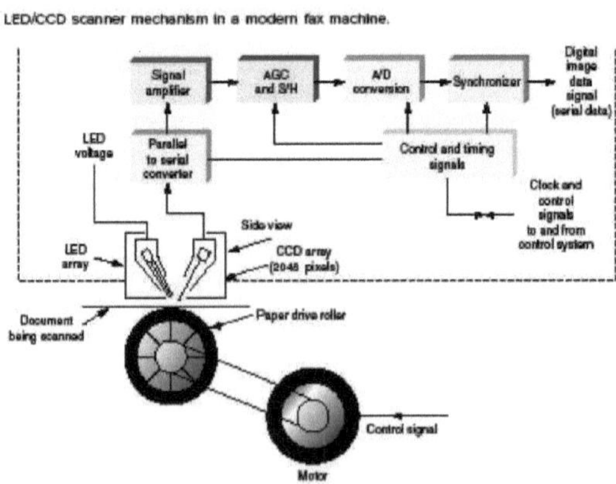

Fig. 1.31. Mecanismo do scanner

1.9.4. Compressão de dados

A digitalização de uma página de um documento gera uma enorme quantidade de dados. Uma página típica de *81/2* 3 11 polegadas representa cerca de 40.000 bytes de dados. Este valor pode ser reduzido por um fator de 10 ou mais com *técnicas de compressão de dados*. Além disso, devido à reduzida largura de banda das linhas telefónicas, os débitos de dados são limitados. É por isso que a transmissão de uma página de dados demora tanto tempo. Os desenvolvimentos nos modems de alta velocidade ajudaram a reduzir o tempo de transmissão, mas os desenvolvimentos mais importantes são as técnicas de compressão de dados que reduzem a quantidade total de dados, o que diminui significativamente o tempo de transmissão e as tarifas telefónicas.

A compressão de dados é uma técnica de processamento de dados digitais que procura a redundância no sinal transmitido. O espaço em branco ou os segmentos contínuos da página que têm a mesma tonalidade produzem cadeias contínuas de palavras de dados que são iguais. Estas podem ser eliminadas e transmitidas como um código digital especial, cuja transmissão é significativamente mais rápida. Outras formas de compressão de dados utilizam vários algoritmos matemáticos para reduzir a quantidade de dados a transmitir.

A compressão de dados é efectuada por um *chip de processamento de sinal digital (DSP)*. Este é um microprocessador de alta velocidade com ROM incorporado que contém o programa de compressão. Os dados digitais do conversor A/D passam pelo chip DSP, do qual sai uma sequência de dados significativamente mais curta que representa a imagem digitalizada. É isto que é transmitido, e em muito menos tempo do que os dados originais poderiam ser transmitidos. Na extremidade recetora, o sinal desmodulado é descomprimido. Mais uma vez, isto é feito através de um chip DSP especialmente programado para esta função. O sinal de dados original é recuperado e enviado para a impressora.

1.9.5. Modems

Cada telecopiador contém um *modem* incorporado, semelhante a um modem de dados convencional para computadores. Estes modems são optimizados para a transmissão e receção de faxes. E seguem normas internacionais para que qualquer telecopiador possa comunicar com qualquer outro telecopiador. São utilizados vários esquemas de modulação diferentes nos sistemas de fax. Os sistemas de fax analógicos utilizam AM ou FM.

O fax digital utiliza PSK ou QAM. Para garantir a compatibilidade entre telecopiadoras de diferentes fabricantes, foram desenvolvidas *normas* para a velocidade, os métodos de modulação e a resolução de *faxes* pelo *Comité Consultivo Internacional dos Telégrafos e Telefones,* mais conhecido pela sua abreviatura francesa, *CCITT.* O CCITT é atualmente conhecido como *ITU-T,* ou *União Internacional das Telecomunicações.* As normas de fax do ITU-T estão divididas em quatro grupos:

1. *Grupo 1 (G1 ou GI):* Transmissão analógica que utiliza modulação de frequência em que o branco é 1300 Hz e o preto é 2100 Hz. A maioria dos equipamentos norte-americanos utiliza 1500 Hz para o branco e 2300 Hz para o preto. A resolução de digitalização é de 96 linhas por polegada (LPI). A velocidade média de transmissão é de 6 minutos por página (81/2 3 11 polegadas ou tamanho métrico A4, que é ligeiramente maior do que 11 polegadas).

2. *Grupo 2 (G2 ou GII):* Transmissão analógica utilizando FM ou AM de banda lateral vestigial. A banda lateral vestigial AM utiliza uma portadora de 2100 Hz. São transmitidas a banda lateral inferior e parte da banda lateral superior. A resolução é de 96 LPI. A velocidade de transmissão é de 3 minutos ou menos para uma página de 81/2 3 11 pol. ou A4.

3. *Grupo 3 (G3 ou GIII):* Transmissão digital utilizando PCM apenas a preto e branco

ou até 32 tons de cinzento. PSK ou QAM para atingir velocidades de transmissão até 9600 Bd. Resolução de 200 LPI. A velocidade de transmissão é inferior a 1 minuto por página, sendo a velocidade típica de 15 a 30 s.

4. *Grupo 4 (G4 ou GIV):* Transmissão digital, 56 kbps, resolução até 400 LPI e velocidade de transmissão inferior a 5 s. As antigas máquinas G1 e G2 já não são utilizadas. A configuração mais comum é a do grupo 3. A maioria das máquinas G3 também pode ler o formato G2.

As máquinas G4 ainda não são muito utilizadas. Foram concebidas para utilizar apenas a transmissão digital, sem modem, através de linhas telefónicas digitais dedicadas de banda muito larga. Os formatos G3 e G4 também utilizam métodos de compressão de dados digitais que encurtam consideravelmente o fluxo de dados binários, acelerando assim a transmissão das páginas. Isto é importante porque tempos de transmissão mais curtos reduzem as tarifas telefónicas de longa distância e reduzem os custos operacionais.

1.9.6. Funcionamento da máquina de fax

A figura mostra um diagrama de blocos simplificado dos circuitos de transmissão de um moderno emissor-recetor de fax G3. A saída analógica do conjunto de CCDs é serializada e enviada para um conversor A/D que traduz a intensidade luminosa, que varia continuamente, num fluxo de números binários. São típicos dezasseis valores de escala de cinzentos entre branco e preto. Os dados binários são enviados para um circuito de compressão de dados digitais DSP, tal como descrito anteriormente. A saída binária em formato de dados em série é utilizada para modular uma portadora que é transmitida através das linhas telefónicas. As técnicas são semelhantes às utilizadas nos modems. São comuns as velocidades de 2400/4800 e 7200/9600 Bd.

A maioria dos sistemas utiliza alguma forma de PSK ou QAM para atingir taxas de dados muito elevadas em linhas de voz. Na parte recetora do telecopiador, o sinal recebido é desmodulado e depois enviado para circuitos DSP, onde a compressão de dados é removida e os sinais binários são restaurados à sua forma original. O sinal é então aplicado a um mecanismo de impressão. Atualmente, a impressora de fax mais comum é uma impressora a jato de tinta, como as utilizadas popularmente nos PCs. Nas máquinas mais caras, a digitalização a laser de um tambor electrosensível, semelhante ao tambor utilizado nas impressoras a laser, produz cópias de saída utilizando as técnicas comprovadas da xerografia. A lógica de controlo na figura é geralmente um microcomputador incorporado.

Para além de todas as funções de controlo interno que implementa, é utilizado para o "aperto de mão" entre as duas máquinas que vão comunicar. Esta função assegura a compatibilidade. O "handshaking" é normalmente efectuado através da troca de diferentes tons áudio. A máquina chamada responde com tons que designam a sua capacidade. O equipamento chamador compara-os com os seus próprios padrões e, em seguida, inicia a transmissão ou termina-a devido a incompatibilidade. Se a transmissão prosseguir, a máquina chamadora envia sinais de sincronização para garantir que ambas as máquinas começam ao mesmo tempo.

A máquina chamada acusa a receção do sinal de sincronização e a transmissão começa. Todos os protocolos para estabelecer a comunicação e enviar e receber os dados são normalizados pela ITU-T. A transmissão é half duplex. À medida que foram introduzidas melhorias na qualidade da resolução da imagem, na velocidade de transmissão e no custo, os aparelhos de fax tornaram-se muito mais populares. As unidades podem ser facilmente ligadas a qualquer sistema telefónico através de conectores modulares RJ-11. Na maior parte das aplicações comerciais, a máquina de fax é normalmente dedicada a uma única linha. A maior parte das máquinas de fax tem um funcionamento totalmente automático com controlo por microprocessador. Um documento pode ser enviado automaticamente para uma máquina de fax. O aparelho emissor liga simplesmente para o aparelho recetor e inicia a transmissão. O aparelho recetor atende a chamada inicial e reproduz o documento antes de desligar.

A maior parte das máquinas de fax tem um telefone incorporado e foi concebida para partilhar uma única linha com a transmissão de voz convencional. O telefone incorporado possui normalmente marcação por tom tátil e memória de números, além de remarcação automática e outras características telefónicas modernas. A maior parte dos telecopiadores dispõe também de funções de envio e receção automáticos para um funcionamento totalmente autónomo. Os aparelhos de fax estão a desaparecer lentamente à medida que a tecnologia evolui. Atualmente, a maioria das impressoras de computador incorpora um scanner e uma impressora. A função de fax, incluindo um telefone só de dados com ligação RJ-11, está integrada na impressora. Um documento digitalizado é digitalizado e enviado utilizando os procedimentos de fax descritos anteriormente.

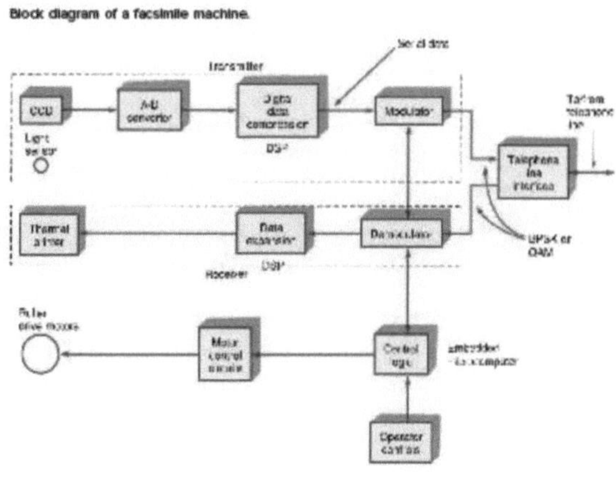

Fig. 1.32. Diagrama de blocos da máquina de fax

1.9.7. CCD

Um registo de deslocamento analógico, que permite o transporte de sinais analógicos (cargas eléctricas) através de estágios sucessivos (pixels) controlados por um sinal de relógio.

Fig. 1.33. Disposição dos pixels

O CCD
- composto por muitas unidades individuais de captação de sinais (sítios fotográficos, condensadores, píxeis)

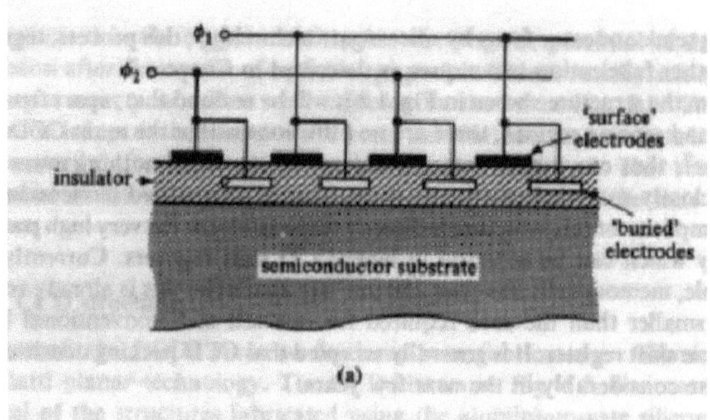

Fig. 1.34. Vista em corte transversal do CCD

Um chip CCD é um dispositivo semicondutor de óxido metálico (MOS). Isto significa que a sua base, que é construída com um material que é um bom condutor em determinadas condições, é coberta com uma camada de óxido de metal. No caso do CCD, normalmente é utilizado o silício como material de base e o dióxido de silício como revestimento. A última camada superior é também feita de silício - polissilício

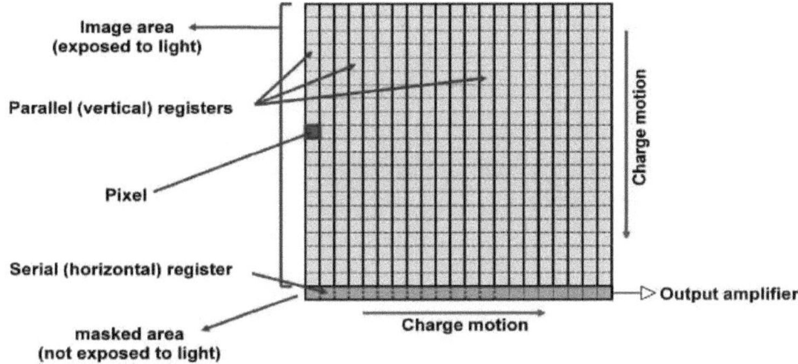

Fig. 1.35. Distribuição da carga

Fundamentalmente, um dispositivo de carga acoplada (CCD) é um circuito integrado gravado numa superfície de silício que forma elementos sensíveis à luz denominados pixéis. Os fotões que incidem nesta superfície geram uma carga que pode ser lida pela eletrónica e transformada numa cópia digital dos padrões de luz que incidem no dispositivo. Os CCDs existem numa grande variedade de tamanhos e tipos e são utilizados em muitas aplicações, desde câmaras de telemóveis a aplicações científicas de ponta.

Utilizações principais do CCD:

- Memória

- Atraso de amostras de sinais analógicos

- Numa matriz de sensores fotoeléctricos de luz (sensores de imagem)

- Fotografia digital

- Astronomia

- Sensores

- Microscopia eletrónica

- Fluoroscopia médica

- Espectroscopia ótica e de UV

1.10. Sistema telefónico celular

Numa rede celular, as células estão geralmente organizadas em grupos de sete para formar um cluster. No centro de cada célula existe um "local de célula" ou "estação de base", que alberga as antenas emissoras/receptoras e o equipamento de comutação. A dimensão de uma célula depende da densidade de assinantes numa zona: por exemplo, numa zona densamente povoada, a capacidade da rede pode ser melhorada reduzindo a dimensão de uma célula ou acrescentando mais células sobrepostas. Isto aumenta o número de canais disponíveis sem aumentar o número efetivo de frequências utilizadas. Todas as estações de base de cada célula estão ligadas a um ponto central, denominado Mobile Switching Office (MSO), através de linhas fixas ou de micro-ondas. O MSO está geralmente ligado à PSTN (rede telefónica pública comutada):

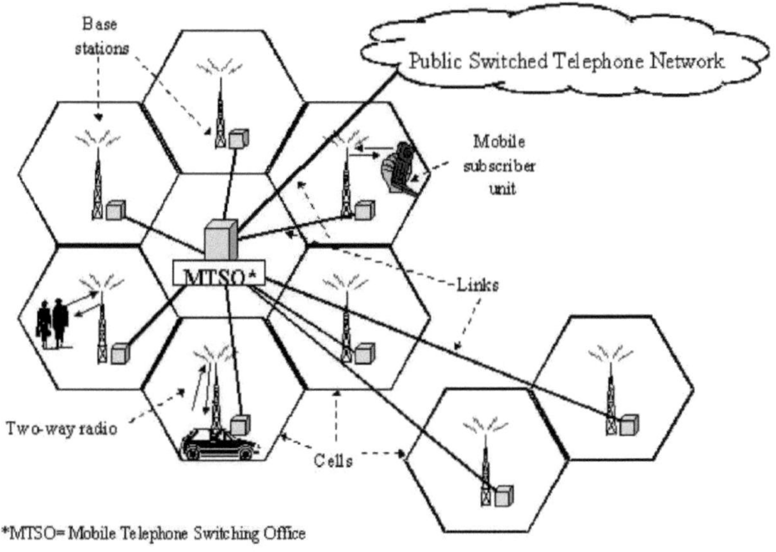

Fig. 1.36. Sistema telefónico celular

A tecnologia celular permite a "transferência" de assinantes de uma célula para outra à medida que se deslocam. Esta é a principal caraterística que permite a mobilidade dos utilizadores. Um computador segue constantemente os assinantes móveis das unidades dentro de uma célula e, quando um utilizador chega ao limite de uma chamada, o computador transfere automaticamente a chamada e esta é atribuída a um novo canal numa célula diferente.

Os acordos de roaming internacional regem a capacidade do assinante para efetuar e receber chamadas na área de cobertura da rede doméstica.

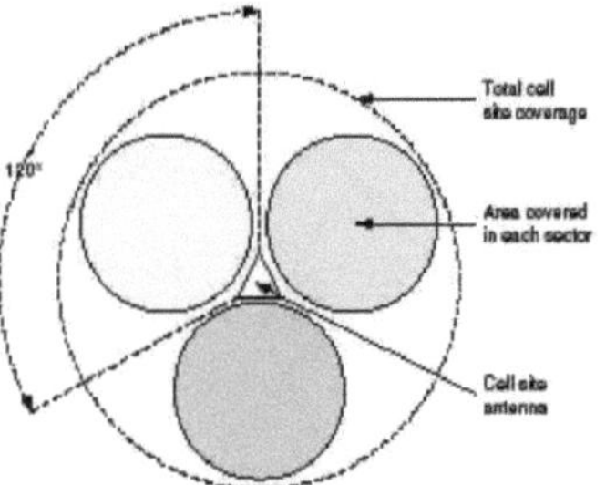

Fig. 1.37. Padrão de radiação do sítio celular

Um sistema celular é composto pelos seguintes componentes básicos:

- Estações móveis (EM): Aparelhos móveis, que são utilizados por um utilizador para comunicar com

- outro utilizador Célula: Cada área de serviço celular é dividida em pequenas regiões chamadas células (5 a 20 Km)

- Estações de base (BS): Cada célula contém uma antena, que é controlada por um pequeno escritório.

- Centro de comutação móvel (MSC): Cada estação de base é controlada por um gabinete de comutação denominado centro de comutação móvel

1.10.1. Sistema telefónico celular digital

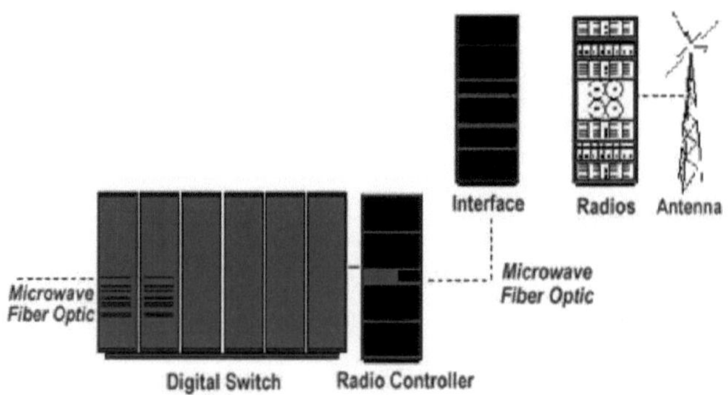

Fig. 1.38. Sistema telefónico celular digital

Embora a descrição do sistema telefónico analógico forneça uma visão geral exacta dos princípios dos sistemas telefónicos actuais, é um facto que a maioria das chamadas telefónicas actuais são realmente chamadas telefónicas digitais. Num sistema telefónico digital, as duas extremidades da chamada são analógicas e a secção intermédia é digital. As conversões de analógico para digital (A/D), e de volta para analógico (D/A), são efectuadas de tal forma que é essencialmente impossível determinar que foram feitas. Embora o sistema telefónico analógico esteja a ser gradualmente convertido em digital, a entrada e a saída do sistema continuam a ser analógicas porque a sua eventual utilização é para seres humanos capazes de processar informação analógica. Atualmente, a maioria das chamadas telefónicas são analógicas, desde o telefone de casa até ao primeiro posto de comutação, pelo que a conversão A/D e D/A é feita nesse posto. No futuro, quando os sistemas telefónicos se tornarem totalmente digitais, esta conversão de A/D e de D/A será feita dentro do aparelho telefónico em casa

O processo de conversão A/D foi explicado nas aulas anteriores - O sinal de voz - uma forma de onda analógica foi amostrada a uma frequência de amostragem e quantizada num determinado número de níveis. A estes valores foram então atribuídos códigos binários para completar o processo de conversão de analógico para digital. O processo D/A também foi explicado brevemente. Os bits foram descodificados para os seus valores quantizados e foi obtida uma forma de onda semelhante à forma de onda analógica original. Para a voz, lembre-se que a frequência de amostragem padrão é 8000Hz. O número padrão de níveis de quantização para sinais de áudio é 256, o que requer 8 bits Portanto, a taxa de bits para uma chamada telefónica digital é: 8.000x8=64.000 bits por segundo (64 Kbps). Esta é a taxa de bits que chegaria à central telefónica se a conversão A/D estivesse a ser feita dentro do telefone em casa. Uma vez que chegam muitas chamadas à central telefónica, todas elas podem ser combinadas e comutadas para outra central para serem encaminhadas para o destino.

1.10.2. Acesso múltiplo

O acesso múltiplo refere-se ao modo como os assinantes são atribuídos ao espetro de frequências atribuído. Os métodos de acesso são os modos como muitos utilizadores partilham uma quantidade limitada de espetro. As técnicas incluem a reutilização de frequências, o acesso múltiplo por divisão de frequências (FDMA), o acesso múltiplo por divisão do tempo (TDMA), o acesso múltiplo por divisão do código (CDMA) e o acesso múltiplo por divisão espacial (SDMA).

1.10.3. Frequência Reutilização

Na reutilização de frequências, as bandas de frequência individuais são partilhadas por várias estações de base e utilizadores. Isto é possível assegurando que um assinante ou uma estação de base não interfira com quaisquer outros. Isto é conseguido através do controlo de factores como a potência de transmissão, o espaçamento entre estações de base, a altura da antena e os padrões de radiação. Com antenas de baixa potência e baixa altura, o alcance de um sinal é restrito a apenas uma milha ou mais. Além disso, a maioria das estações de base utiliza antenas sectorizadas com padrões de radiação 1208 que transmitem e recebem apenas numa parte da área que cobrem. Em qualquer cidade, as mesmas frequências são utilizadas repetidamente, bastando para isso manter as estações de base isoladas umas das outras.

1.10.4 Acesso múltiplo por divisão de frequências

Espectro de acesso múltiplo por divisão de frequências (RDMA).

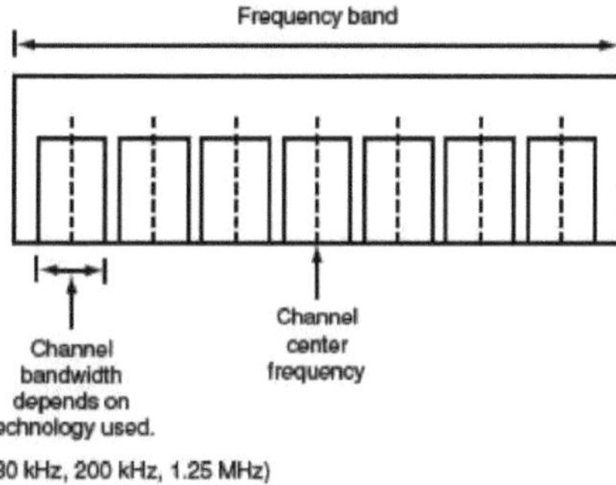

Fig. 1.39. FDMA

Os sistemas FDMA são semelhantes à multiplexagem por divisão de frequência, na medida em que permitem que muitos utilizadores partilhem um bloco de espetro, dividindo-o simplesmente em muitos canais mais pequenos. Cada canal de uma banda recebe um número atribuído ou é designado pela frequência central do canal. É atribuído um assinante a cada canal. As larguras típicas dos canais são 30 kHz, 200 kHz, 1,25 MHz e 5 MHz. Existem normalmente duas bandas semelhantes, uma para ligação ascendente e outra para ligação descendente.

1.10.5 Acesso múltiplo por divisão do tempo

O TDMA baseia-se em sinais digitais e funciona num único canal. Vários utilizadores utilizam faixas horárias diferentes. Como o sinal de áudio é amostrado a um ritmo rápido, as palavras de dados podem ser intercaladas em diferentes intervalos de tempo. Dos dois sistemas TDMA comuns em uso, um permite três utilizadores por canal de frequência e o outro permite oito utilizadores por canal.

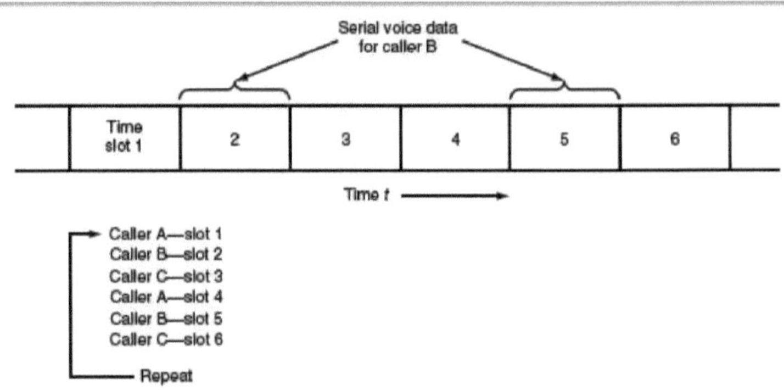

Fig. 1.40. TDMA

1.10.6. Acesso múltiplo por divisão de código

Code-division multiple access (CDMA). (*a*) Spreading the signal.
(*b*) Resulting bandwidth.

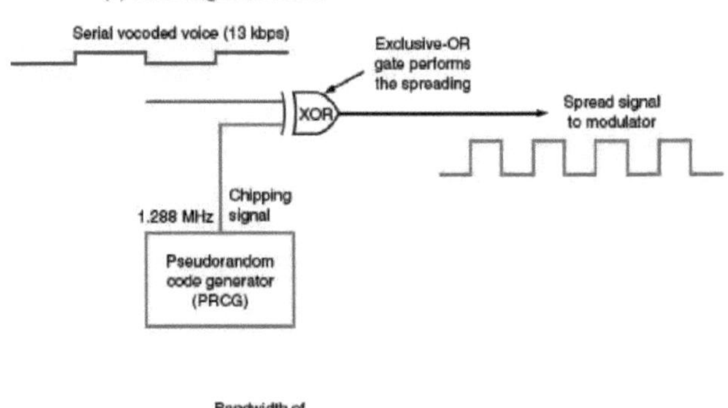

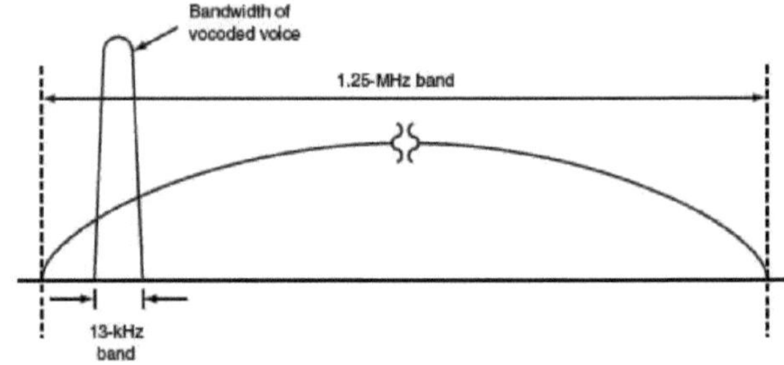

Fig. 1.41. CDMA

CDMA é apenas outro nome para espetro alargado. Uma grande percentagem dos sistemas de telemóveis utiliza o *espetro de propagação de sequência direta (DSSS)*.

Aqui, os sinais de áudio digital são codificados num circuito chamado vocoder para produzir um sinal de voz digital comprimido em série de 13 kbps. Este é depois combinado com um sinal de fragmentação de frequência mais elevada. Um sistema usa um sinal de chipping de 1,288 Mbps para codificar o áudio, espalhando o sinal por um canal de 1,25 MHz. Ver Fig. 20-8. Com uma codificação única, até 64 assinantes podem partilhar um canal de 1,25 MHz. Uma técnica semelhante é utilizada com o sistema CDMA de banda larga dos telemóveis de terceira geração. É utilizada uma taxa de fragmentação de 3,84 Mbps num canal de 5 MHz para acomodar vários utilizadores.

1.10.7. Acesso por Multiplexagem Ortogonal por Divisão de Frequências (OFDMA)

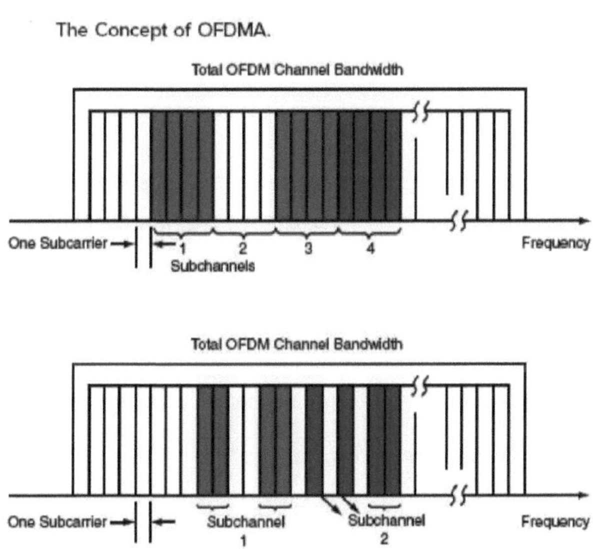

Fig. 1.42. OFDM

OFDMA é o método de acesso utilizado com OFDM. O OFDM utiliza centenas, ou mesmo milhares, de subportadoras num canal de banda larga. Este grande número de subportadoras pode ser subdividido em grupos mais pequenos, e cada grupo pode ser atribuído a um utilizador individual. Desta forma, muitos utilizadores podem utilizar o canal de banda larga atribuído ao sinal OFDM.

1.11. Rede digital de serviços integrados

A Rede Digital com Integração de Serviços (RDIS) é constituída por serviços de telefonia digital e de transporte de dados oferecidos por operadores telefónicos regionais. A RDIS envolve a digitalização da rede telefónica, o que permite a transmissão de voz, dados, texto, gráficos, música, vídeo e outros materiais de origem através dos fios telefónicos existentes. O aparecimento da RDIS representa um esforço para normalizar os serviços dos assinantes, as interfaces utilizador/rede e as capacidades da rede e da Internet. As aplicações da RDIS incluem aplicações de imagem de alta velocidade (como o fac-símile do Grupo IV), linhas telefónicas adicionais em residências para servir o sector do teletrabalho, transferência de ficheiros de alta velocidade e videoconferência. O serviço de voz é também uma aplicação da RDIS.

A RDIS especifica uma série de pontos de referência que definem interfaces lógicas entre grupos funcionais, como os AT e os NT1. Os pontos de referência da RDIS incluem os seguintes:

-R - O ponto de referência entre o equipamento não RDIS e um AT.

-O   ponto de referência entre os terminais do utilizador e o NT2.

-T-O   ponto de referência entre os dispositivos NT1 e NT2.

-U - O   ponto de referência entre os dispositivos NT1 e o equipamento de terminação de linha na rede do operador.

O ponto de referência U só é relevante na América do Norte, onde a função NT1 não é fornecida pela rede do operador. Um exemplo de configuração RDIS mostra três dispositivos ligados a um comutador RDIS no escritório central. Dois destes dispositivos são compatíveis com RDIS, pelo que podem ser ligados através de um ponto de referência S a dispositivos NT2. O terceiro dispositivo (um telefone standard, não RDIS) liga-se através do ponto de referência a um TA. Qualquer um desses dispositivos também pode ser conectado a um dispositivo NT1/2, que substituiria tanto o NT1 quanto o NT2. Além disso, embora não sejam mostradas, estações de utilizador semelhantes estão ligadas ao comutador RDIS da extrema direita.

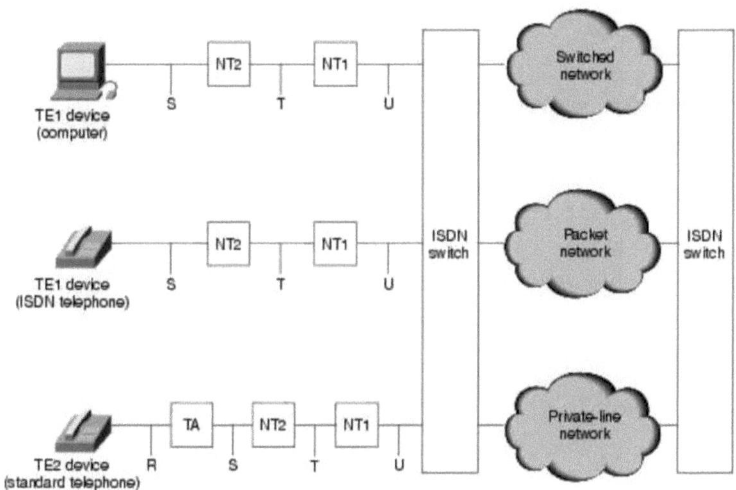

Fig. 1.43. RDIS

1.11.1. Exemplo de configuração RDIS

Especificações RDIS Esta secção descreve as várias especificações RDIS para as camadas 1, 2 e 3. Camada 1 Os formatos dos quadros da camada física da RDIS (Camada 1) diferem consoante o quadro seja de saída (do terminal para a rede) ou de entrada (da rede para o terminal). As duas interfaces da camada física são apresentadas na figura.

Os quadros têm 48 bits de comprimento, dos quais 36 bits representam dados. Os bits de um quadro da camada física da RDIS são utilizados da seguinte forma:

- F - Fornece sincronização

- L-Ajusta o valor médio dos bits

- E-Garante a resolução de contenção quando vários terminais num barramento passivo disputam um canal

- A-Ativa dispositivos

- S-Is não atribuído

- B1, B2 e D - tratar os dados do utilizador

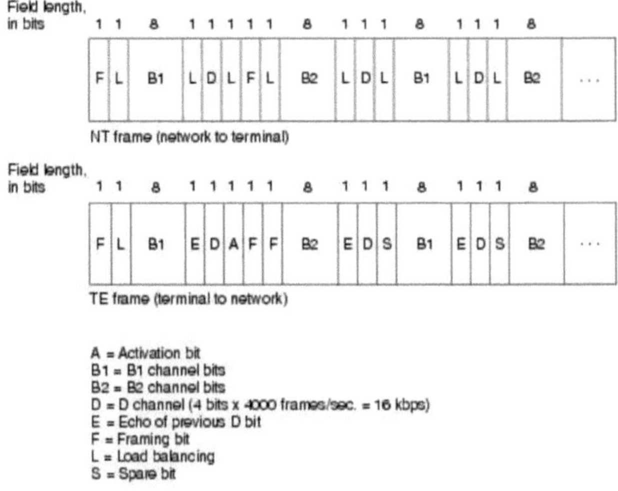

Fig. 1.44. Quadro RDIS

2. Televisão

2.1. Introdução

O objetivo de um sistema de televisão é alargar o sentido da visão para além dos seus limites naturais e transmitir o som associado à cena. O sinal de imagem é gerado por uma câmara de televisão e o sinal de som por um microfone. Nos sistemas de televisão monocromática CCIR de 625 linhas e a cores PAL-B adoptados pela Índia, o sinal de imagem é modulado em amplitude e o sinal de som é modulado em frequência antes da transmissão. As duas frequências portadoras estão devidamente espaçadas e os seus produtos de modulação são irradiados através de uma antena comum. Tal como na comunicação via rádio, cada estação de televisão recebe diferentes frequências portadoras para permitir a seleção da estação desejada na extremidade recetora. O recetor de televisão tem circuitos de sintonização na sua secção de entrada denominada "sintonizador". Este selecciona o sinal do canal desejado de entre os muitos captados pela antena. A banda de radiofrequência selecionada é convertida numa banda IF fixa comum para facilitar a sua amplificação. Os sinais IF amplificados são detectados para obter sinais de vídeo (imagem) e áudio (som). O sinal de vídeo, após grande amplificação, acciona o tubo de imagem para reconstruir a imagem televisiva no ecrã do recetor. Do mesmo modo, o sinal de áudio é amplificado e enviado para o altifalante para produzir uma saída de som associada à cena.

2.1.1. Transmissão de imagens

A informação da imagem é de carácter ótico e pode ser considerada como um conjunto de um grande número de pequenas áreas que representam pormenores da imagem. Estas áreas elementares, nas quais os pormenores da imagem podem ser divididos, são conhecidas como "elementos de imagem" ou "pixels", que, quando vistos em conjunto, representam a informação visual da cena. Assim, em qualquer momento, há um número quase infinito de elementos de informação que têm de ser captados simultaneamente para transmitir os pormenores da imagem. No entanto, a captação simultânea não é praticável porque não é viável fornecer um caminho de sinal separado (canal) para o sinal obtido de cada elemento da imagem. Na prática, este problema é resolvido por um método conhecido por "varrimento", em que a conversão da informação ótica em forma eléctrica é efectuada elemento a elemento, um de cada vez e de forma sequencial, de modo a cobrir toda a imagem. Além disso, o varrimento é efectuado a um ritmo muito rápido e repetido um grande número de vezes por segundo para criar uma ilusão (impressão à vista) de receção simultânea de todos os elementos, embora utilizando apenas uma via de sinal. Imagens a preto e branco Numa imagem monocromática (a preto e branco), cada elemento é claro, com um certo tom de cinzento ou escuro.

Uma câmara de televisão, cujo coração é um tubo de câmara, é utilizada para converter esta informação ótica num sinal elétrico correspondente, cuja amplitude varia em função das variações de luminosidade. A figura 3.1 mostra pormenores muito elementares de um tipo de tubo de câmara (vidicon) e componentes associados para ilustrar o princípio. Uma imagem ótica da cena a transmitir é focada por um conjunto de lentes na placa retangular de vidro do tubo da câmara. O lado interior do painel frontal de vidro tem um revestimento condutor transparente sobre o qual é colocada uma camada muito fina de material fotocondutor. A camada fotocondutora tem uma resistência muito elevada quando não incide luz, mas diminui consoante a intensidade da luz que incide sobre ela. Assim, dependendo das variações da intensidade da luz na imagem ótica focada, a condutividade de cada elemento da camada fotográfica muda em conformidade. Um feixe de electrões é utilizado para captar a informação da imagem agora disponível na placa alvo em termos de resistência variável em cada ponto.

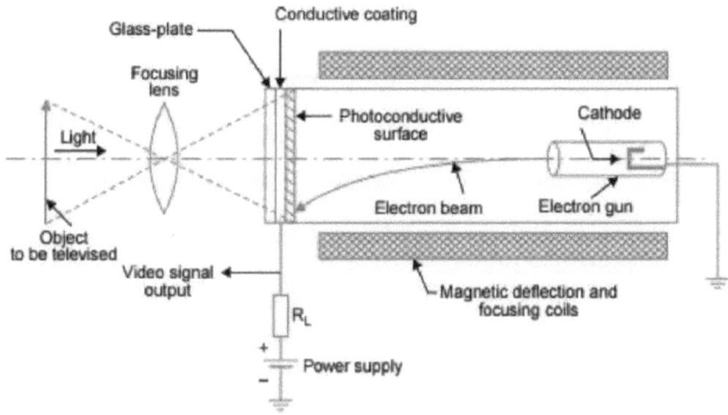

Fig. 2.1. Vista simplificada em corte transversal de um tubo de câmara Vidicon e componentes associados.

O feixe é formado por um canhão de electrões no tubo da câmara de televisão. No seu caminho para o interior da placa de vidro, é deflectido por um par de bobinas deflectoras montadas no invólucro de vidro e mantidas mutuamente perpendiculares uma à outra, de modo a obter-se a varredura de toda a área alvo. O varrimento é efectuado da mesma forma que se lê uma página escrita, de modo a abranger todas as palavras de uma linha e todas as linhas da página (ver Fig. 3.2). Para tal, as bobinas de deflexão são alimentadas separadamente por dois osciladores de varrimento que geram continuamente tensões de forma de onda adequadas, cada uma funcionando a uma frequência desejada diferente. A deflexão magnética causada pela corrente numa bobina dá um movimento horizontal ao feixe da esquerda para a direita a uma velocidade uniforme e depois leva-o rapidamente para o lado esquerdo para iniciar o traçado da linha seguinte. A outra bobina é utilizada para deflectir o feixe de cima para baixo a uma velocidade uniforme e para o seu rápido regresso ao topo da placa para recomeçar este processo. Assim, são dados dois movimentos simultâneos ao feixe, um da esquerda para a direita ao longo da placa alvo e o outro de cima para baixo, cobrindo assim toda a área em que a imagem eléctrica da imagem está disponível. medida que o feixe se desloca de elemento para elemento, encontra uma resistência diferente ao longo da placa alvo, consoante a resistência do revestimento fotocondutor. O resultado é um fluxo de corrente que varia em magnitude à medida que os elementos são varridos. Esta corrente passa através de uma resistência de carga RL, ligada ao revestimento condutor de um lado e a uma fonte de alimentação de corrente contínua do outro. Dependendo da magnitude da corrente, aparece uma tensão variável através da resistência RL, que corresponde à informação ótica da imagem.

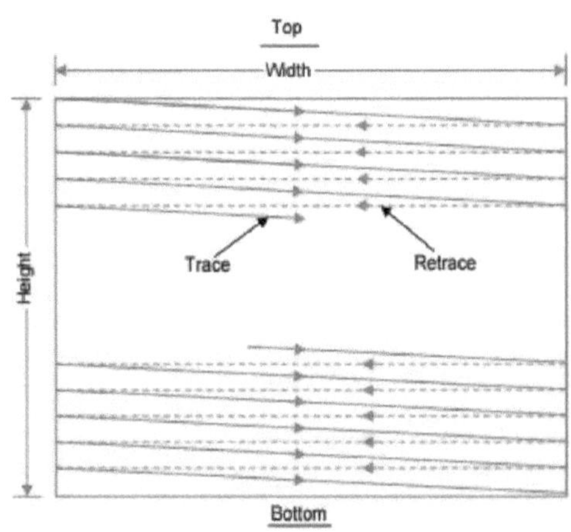

Fig. 2.2. Trajetória do feixe de varrimento na cobertura da área da imagem

Se o feixe de varrimento se mover a uma velocidade tal que qualquer parte do conteúdo da cena não tenha tempo de mudar percetivelmente no tempo necessário para um varrimento completo da imagem, o sinal elétrico resultante contém a verdadeira informação existente na imagem durante o tempo de varrimento. A informação desejada tem agora a forma de um sinal que varia com o tempo e a digitalização pode assim ser identificada como um processo específico que permite a conversão da informação existente nas coordenadas espaciais e temporais em variações temporais apenas.

A informação eléctrica assim obtida a partir do tubo da câmara de televisão é geralmente designada por sinal de vídeo (vídeo é a palavra latina para "ver").

2.1.2. Imagens a cores

É possível criar qualquer cor, incluindo o branco, através da mistura aditiva de luzes de cor vermelha, verde e azul em proporções adequadas. Por exemplo, o amarelo pode ser obtido através da mistura de luzes vermelhas e verdes numa proporção de intensidade de 30 : 59. Do mesmo modo, a luz reflectida por qualquer elemento de imagem a cores pode ser sintetizada (dividida) em constituintes de luz vermelha, verde e azul. Este facto constitui a base da televisão a cores, em que as cores vermelha (R), verde (G) e azul (B) são designadas por cores primárias e as cores formadas pela mistura de quaisquer duas das três cores primárias são designadas por cores complementares. Uma câmara a cores, cujos elementos são mostrados na Fig. 3.3, é utilizada para desenvolver tensões de sinal proporcionais à intensidade de cada luz de cor primária.

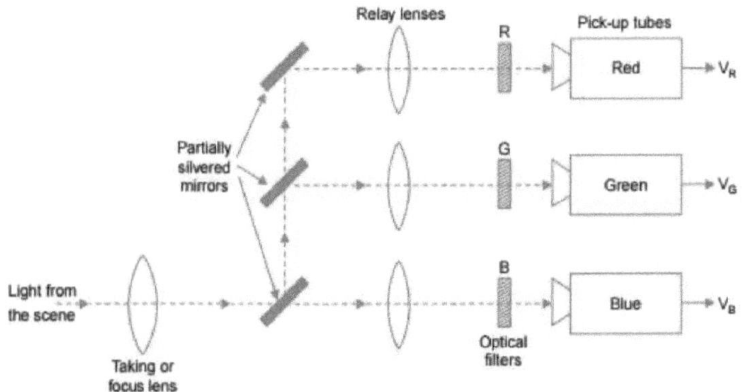

Fig. 2.3. Diagrama de blocos simplificado de uma câmara a cores

Contém três tubos de câmara (vidicons) em que cada tubo de captação recebe luz de apenas uma cor primária. A luz do cenário incide na lente de focagem e, através desta, em espelhos especiais. Os filtros de cor que recebem a luz reflectida através de lentes de retransmissão dividem-na em luzes de cor R, G e B. Assim, cada vidicon recebe uma única cor de luz e desenvolve uma tensão proporcional à intensidade de uma das cores primárias. Se uma das cores primárias não estiver presente numa parte da imagem, o vidicon correspondente não desenvolve qualquer saída quando essa área da imagem é digitalizada. Os feixes de electrões dos três tubos da câmara são mantidos em sincronismo, desviando-os horizontal e verticalmente a partir de fontes de condução comuns. Qualquer luz colorida tem uma certa intensidade de brilho. Por conseguinte, a luz reflectida por qualquer elemento colorido de uma imagem também contém informações sobre o seu brilho, a que se chama luminância. Um sinal de tensão (Y) proporcional à luminância em várias partes da imagem é obtido pela adição de proporções definidas de v_R, VG e VB (30:59:11). Isto é o mesmo que seria revelado por uma câmara monocromática (preto e branco) quando esta digitaliza a mesma cena a cores. Este sinal de luminância (Y) é também transmitido juntamente com a informação de cor e utilizado no tubo de imagem do recetor para reconstruir a imagem a cores com níveis de luminosidade idênticos aos da imagem televisiva.

2.1.3. Transmissor de televisão

A Fig. 3.4 apresenta um diagrama de blocos simplificado de um transmissor de TV monocromática. O sinal de luminância da câmara é amplificado e são adicionados impulsos de sincronização antes de o alimentar ao amplificador de modulação. Os impulsos de sincronização são transmitidos para manter os feixes da câmara e do tubo de imagem em sintonia. A frequência portadora de imagem atribuída é gerada por um oscilador controlado por cristais. A saída de onda sinusoidal contínua (CW) recebe uma grande amplificação antes de ser alimentada ao amplificador de potência, onde a sua amplitude é feita variar (AM) de acordo com o sinal de modulação recebido do amplificador de modulação.

A saída modulada é combinada (ver Fig. 3.4) com o sinal sonoro de frequência modulada (FM) na rede combinada e, em seguida, alimentada à antena transmissora para radiação.

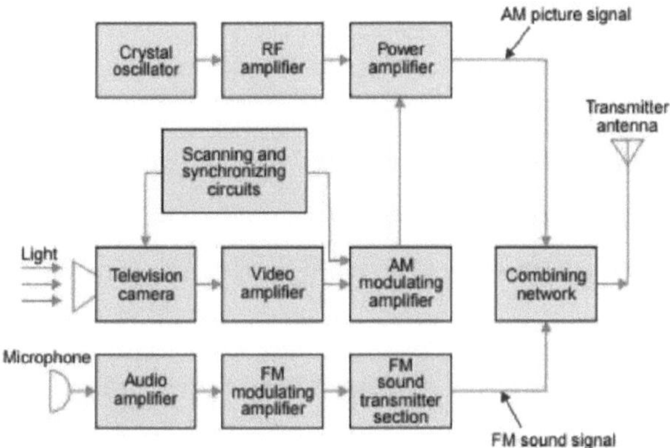

Fig. 2.4. Diagrama de blocos elementar de um emissor de televisão monocromático

2.1.4. Transmissor de cor

Um emissor de televisão a cores é essencialmente o mesmo que um emissor monocromático, exceto no que diz respeito à necessidade adicional de transmitir também informação a cores (Chroma). Qualquer sistema a cores é tornado compatível com o sistema monocromático correspondente. A compatibilidade significa que o sinal de televisão a cores deve produzir uma imagem normal a preto e branco num recetor monocromático e que um recetor a cores deve ser capaz de produzir uma imagem normal a preto e branco a partir de um sinal de televisão monocromático. Para tal, o sinal de luminância (brilho) é transmitido num sistema a cores da mesma forma que no sistema monocromático e com a mesma largura de banda. No entanto, para assegurar a compatibilidade, as saídas das câmaras a cores são modificadas para obter sinais (B-Y) e (R-Y). Estes são modulados na subportadora de cor, cujo valor é escolhido de forma a que, ao serem combinados com o sinal de luminância, as bandas laterais dos dois não interfiram entre si, ou seja, os sinais de luminância e de cor são corretamente intercalados.

É também transmitido um sinal de sincronização de cores denominado "explosão de cores" para uma reprodução correcta das cores.

2.1.5. Transmissão de som

Não existe qualquer diferença na transmissão do som entre os sistemas de televisão monocromática e a cores. O microfone converte o som associado à imagem que está a ser transmitida em sinal elétrico proporcional, que é normalmente uma tensão. Esta saída eléctrica, independentemente da complexidade da sua forma de onda, é uma função de valor único do tempo, pelo que necessita de um único canal para a sua transmissão. O sinal áudio do microfone, após amplificação, é modulado em frequência, utilizando a frequência portadora atribuída. Em FM, a amplitude do sinal portador é mantida constante, enquanto a sua frequência varia de acordo com as variações de amplitude do sinal modulante. Como mostra a Fig. 3.4, a saída do transmissor de som FM é finalmente combinada com a saída do transmissor de imagem AM, através de uma rede de combinação, e alimentada a uma antena comum para radiação de energia sob a forma de ondas electromagnéticas.

2.1.6. Recetor de televisão

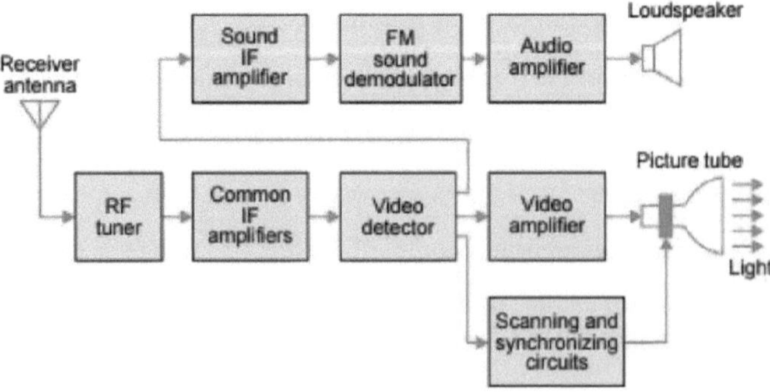

Fig. 2.5. Diagrama de blocos simplificado de um recetor de televisão a preto e branco

A Fig. 2.5 apresenta um diagrama de blocos simplificado de um recetor de televisão a preto e branco. A antena recetora intercepta os sinais de RF irradiados e o sintonizador selecciona a banda de frequências do canal desejado e converte-a para a banda de frequências IF comum. O recetor utiliza duas ou três fases de amplificadores de frequência intermédia (IF). A saída da última fase de FI é desmodulada para recuperar o sinal de vídeo. Este sinal, que contém informações sobre a imagem, é amplificado e acoplado ao tubo de imagem, que converte o sinal elétrico em elementos de imagem com o mesmo grau de preto e branco.

O tubo de imagem apresentado na Fig. 2.6 é muito semelhante ao tubo de raios catódicos utilizado num osciloscópio. O invólucro de vidro contém uma estrutura de canhão de electrões que produz um feixe de electrões dirigido para o ecrã fluorescente. Quando o feixe de electrões atinge o ecrã, é emitida luz. O feixe é deflectido por um par de bobinas deflectoras montadas no pescoço do tubo de imagem, da mesma forma que o feixe do tubo da câmara percorre a placa alvo. As amplitudes das correntes nas bobinas deflectoras horizontais e verticais são ajustadas de forma a que todo o ecrã, denominado raster, seja iluminado devido à rápida velocidade de varrimento.

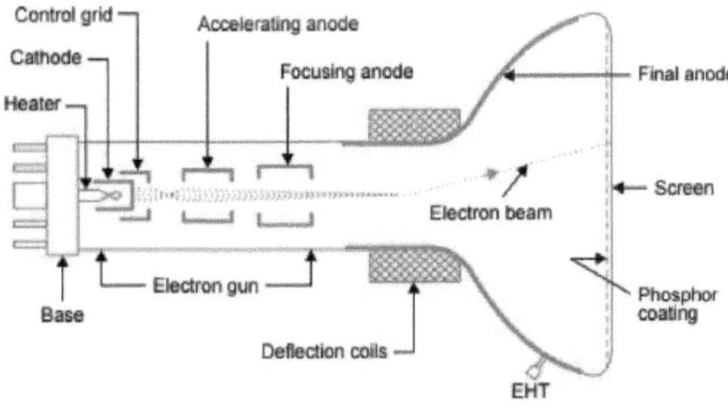

Fig. 2.6. Elementos de um tubo de imagem

O sinal de vídeo é enviado para a grelha ou cátodo do tubo de imagem. Quando a tensão variável do sinal torna a grelha de controlo menos negativa, a corrente do feixe é aumentada, tornando o ponto de luz no ecrã mais brilhante. Uma tensão de rede mais negativa reduz o brilho. Se a tensão da grelha for suficientemente negativa para cortar a corrente do feixe de electrões no tubo de imagem, não haverá luz. Este estado corresponde ao preto. Assim, o sinal de vídeo ilumina o ecrã fluorescente do branco ao preto, passando por vários tons de cinzento, dependendo da sua amplitude em cada instante. Isto corresponde às mudanças de luminosidade encontradas pelo feixe de electrões do tubo da câmara ao digitalizar os detalhes da imagem elemento a elemento. A velocidade a que o ponto de luz se move é tão rápida que o olho não consegue segui-lo, pelo que se vê uma imagem completa devido à capacidade de armazenamento do olho humano.

2.1.7. Receção de som

O percurso do sinal de som é comum ao do sinal de imagem, desde a antena até à secção de deteção de vídeo do recetor. Aqui, os dois sinais são separados e alimentados nos seus respectivos canais. O sinal áudio com modulação de frequência é desmodulado após, pelo menos, uma fase de amplificação. A saída de áudio do detetor de FM é devidamente amplificada antes de ser enviada para o altifalante.

2.1.8. Recetor de cores

Um recetor a cores é semelhante ao recetor a preto e branco, como mostra a Fig. 3.7. A principal diferença entre os dois é a necessidade de um subsistema de cor ou Chroma. Este aceita apenas o sinal de cor e processa-o para recuperar os sinais (B-Y) e (R-Y). Estes são combinados com o sinal Y para obter os sinais VR, VG e VB, tal como desenvolvidos pela câmara na extremidade transmissora. O VG fica disponível porque está contido no sinal Y. Os três sinais de cor são enviados, após amplificação suficiente, ao tubo de imagem a cores para produzir uma imagem a cores

no seu ecrã.

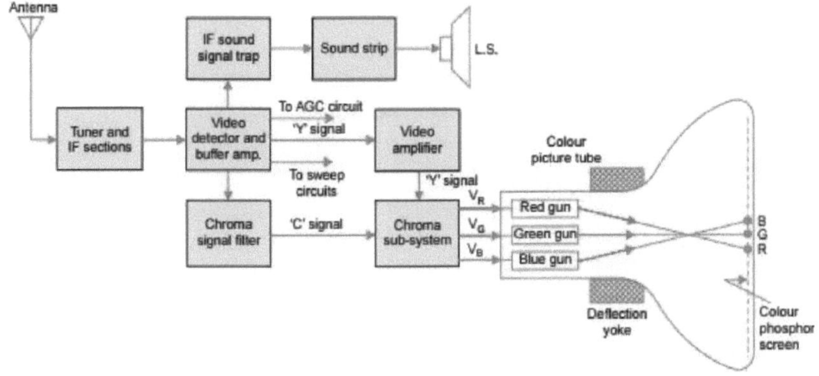

Fig. 2.7. Um diagrama de blocos demasiado simplificado de um recetor de cor

Como mostra a Fig. 2.7, o tubo de imagem a cores tem três canhões que correspondem aos três tubos de captação da câmara a cores. O ecrã deste tubo tem fósforos vermelhos, verdes e azuis dispostos em faixas alternadas. Cada canhão produz um feixe de electrões para iluminar separadamente o fósforo da cor correspondente no ecrã fluorescente. O olho integra então a informação das cores vermelha, verde e azul e a sua luminância para perceber a cor e o brilho reais da imagem que está a ser transmitida pela televisão. O sinal sonoro é descodificado da mesma forma que num recetor monocromático.

2.1.9. Sincronização

É essencial que as mesmas coordenadas sejam digitalizadas em qualquer instante, tanto na placa de alvo do tubo da câmara como no raster do tubo de imagem, caso contrário, os detalhes da imagem dividir-se-ão e ficarão distorcidos. Para assegurar uma sincronização perfeita entre as cenas que estão a ser transmitidas pela televisão e a imagem produzida no raster, são transmitidos impulsos de sincronização durante o retrace, ou seja, nos intervalos de retrocesso dos movimentos horizontais e verticais do feixe de varrimento da câmara. Assim, para além de conter pormenores da imagem, o sinal irradiado no emissor contém também impulsos de sincronização. Estes impulsos, que são distintos para o controlo dos movimentos horizontais e verticais, são processados no recetor e enviados para o circuito de varrimento do tubo de imagem, assegurando assim que o feixe do tubo de imagem do recetor está em sintonia com o feixe do tubo da câmara do transmissor.

Como já foi referido, num sistema de televisão a cores, são transmitidos, juntamente com os impulsos de sincronização horizontal, impulsos de sincronização adicionais denominados "colour burst". Estes são separados na entrada da secção Chroma e utilizados para sincronizar o gerador de portadora do desmodulador de cor. Isto assegura a reprodução correcta das cores na imagem a preto e branco.

2.1.10. Controlos do recetor

A maioria dos receptores a preto e branco tem no seu painel frontal (i) seletor de canais, (ii) sintonia fina, (iii) brilho, (iv) contraste, (v) retenção horizontal e (vi) controlos de volume para além de um interrutor ON-OFF. Alguns receptores dispõem igualmente de um controlo de tom. O interrutor de seleção de canais é utilizado para selecionar o canal desejado. O controlo de sintonia fina é fornecido para obter os melhores detalhes de imagem no canal selecionado. O controlo de retenção é utilizado para obter uma imagem estável no caso de esta se deslocar para cima ou para baixo. O controlo de luminosidade varia a intensidade do feixe do tubo de imagem e é regulado para obter uma luminosidade média óptima da imagem. O controlo de contraste é, na realidade, um controlo de ganho do amplificador de vídeo. Este pode ser variado para obter o contraste desejado entre os conteúdos branco e preto da imagem reproduzida. Os controlos de volume e de tonalidade fazem parte do amplificador áudio na secção de som e são utilizados para regular o volume e a qualidade tonal do som emitido pelo altifalante.

Nos receptores de cor existe um controlo adicional denominado controlo de "cor" ou "saturação". Este controlo é utilizado para variar a intensidade ou a quantidade de cores na imagem reproduzida. Nos receptores a cores modernos que utilizam circuitos integrados na maior parte das secções do recetor, o controlo de retenção não é necessário e, por isso, normalmente não é fornecido.

2.2. Ecrã plano

- A atual tecnologia de visualização para o sector da televisão é a dos ecrãs planos (FPD).
- As FPD podem ser analisadas em dois grupos comuns, consoante a sua tecnologia de ecrã. Os ecrãs LCD são a primeira tecnologia e os ecrãs de plasma são a segunda tecnologia FPD.
- A diferença básica é que o LCD apresenta a fonte de luz na parte de trás do painel e os pixels, que são formados por subpixels vermelhos, verdes e azuis, actuam como válvulas que definem o nível de luz e a cor de saída.
- Nos ecrãs de plasma, cada píxel, que também é formado por subpíxeis RGB, funciona como uma lâmpada separada que define a cor e o nível de luminosidade nesse ponto do píxel.
- O cristal líquido é o material utilizado como válvula nos ecrãs LCD e as células de plasma são o bloco de construção dos ecrãs de plasma.

2.2.1 Ecrãs TFT-LCD

- TFT (Thin Film Transistor) e LCD (Liquid Crystal Display)

- O cristal líquido é o material utilizado como válvula para ajustar o nível de luz emitido pelo painel e o TFT é o circuito de controlo deste material de cristal líquido.

- Dependendo do nível de tensão no cristal, a intensidade da luz varia e o nível de tensão no cristal é controlado por transístores para cada subpíxel.

2.2.2. Fundamentos do LCD

- Friedrich Reinitzer foi a primeira pessoa a observar o estado de cristal líquido.

- Os cristais têm superfícies planas perfeitas devido às suas estruturas moleculares.

- Os cristais, como o quartzo, são formados quando as moléculas formam uma matriz tridimensional, ligando-se umas às outras num padrão regular.

- De facto, os cristais são os materiais sólidos, mas o termo *"cristal líquido" é utilizado para descrever uma substância que se encontra num estado entre o líquido e o cristal*, mas que apresenta propriedades semelhantes a ambos.

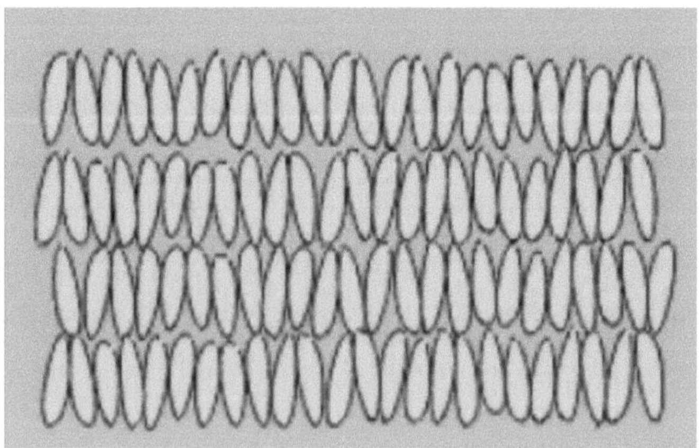

- Depois de aquecer uma amostra de material, este transformou-se num líquido leitoso.

- À medida que a temperatura aumentava, o fluido transformava-se num líquido transparente.

- Existem muitos compostos químicos que têm o estado de cristal líquido, com o arrefecimento do líquido ou o aquecimento do material sólido, o estado de cristal líquido pode ser observado em materiais especiais.

- A Figura 3.9 mostra a alteração da estrutura molecular do material de cristais líquidos em função da temperatura.

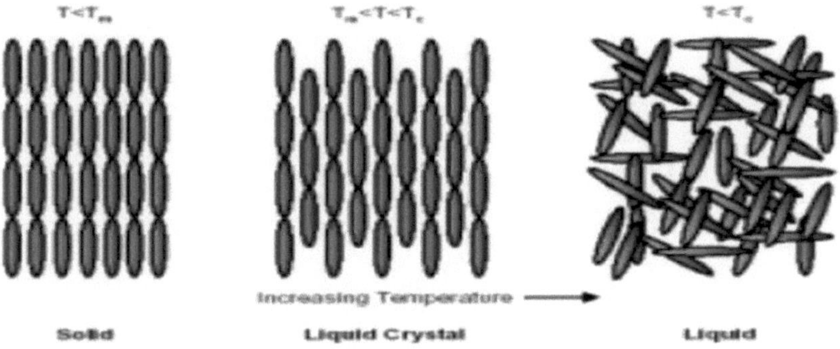

Fig.2.9. Estrutura molecular do LC em função da temperatura

2.2.3. Princípios de funcionamento do ecrã LCD

- Os ecrãs LCD são utilizados em vários produtos, desde ecrãs de pequenas dimensões utilizados em telemóveis até ecrãs de grandes dimensões utilizados em televisores.

- Embora existam vários tipos de material de cristais líquidos, os cristais nemáticos são os mais utilizados em dispositivos de visualização.

- O material semático tem a forma física de uma barra e o alinhamento do cristal varia em função do campo elétrico.

-   O alinhamento da célula sem e sob campo elétrico é mostrado em

Figura.3.10

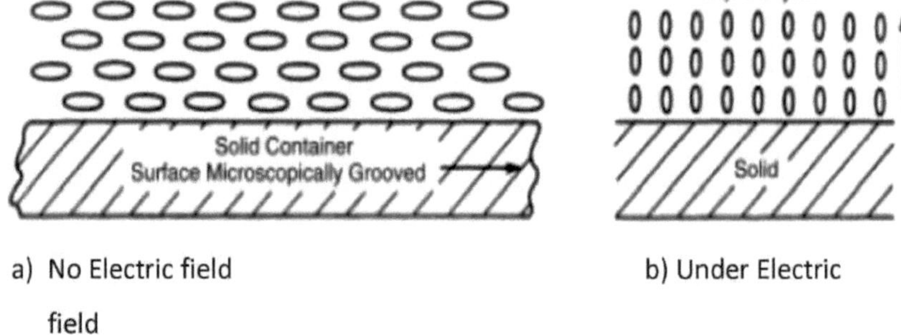

a) No Electric field   b) Under Electric

    field

Fig. 2.10.Alinhamento do LC em função do campo elétrico

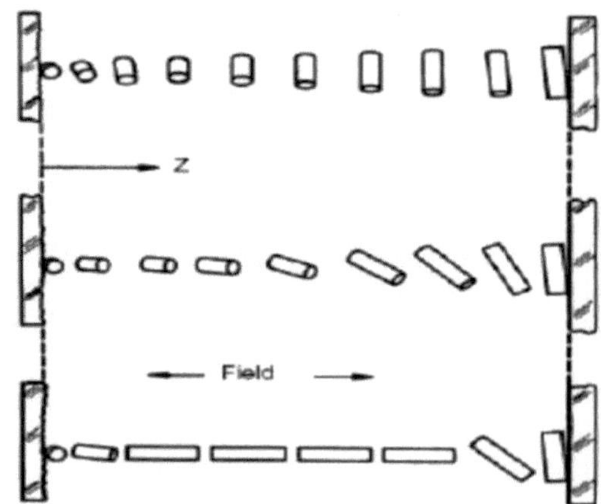

Fig. 2.11. Alinhamento das barras sob um campo elétrico crescente

-   O alinhamento vertical varia com o campo elétrico e o alinhamento horizontal
    das hastes é definido pela direção da ranhura da placa sólida nos lados superior e
    inferior.

-   A arquitetura nemática torcida utiliza esta caraterística. As placas superior e
    inferior são ranhuradas ortogonalmente e a posição horizontal do nemático é
    deslocada noventa graus entre as placas.

- A estrutura nemática torcida entre placas ranhuradas é apresentada na Figura 2.12.

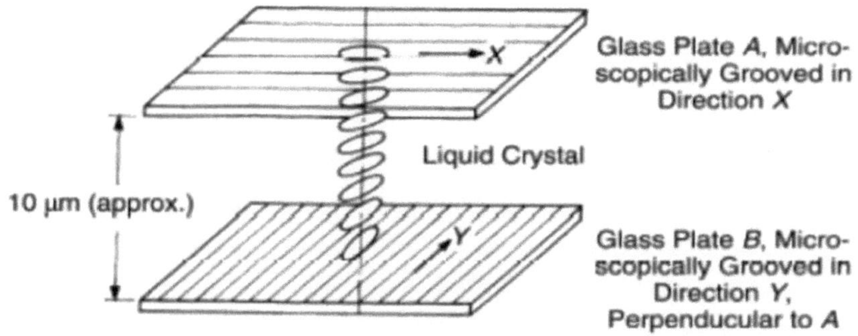

Fig.2.12. Arquitetura nemática torcida entre placas ranhuradas

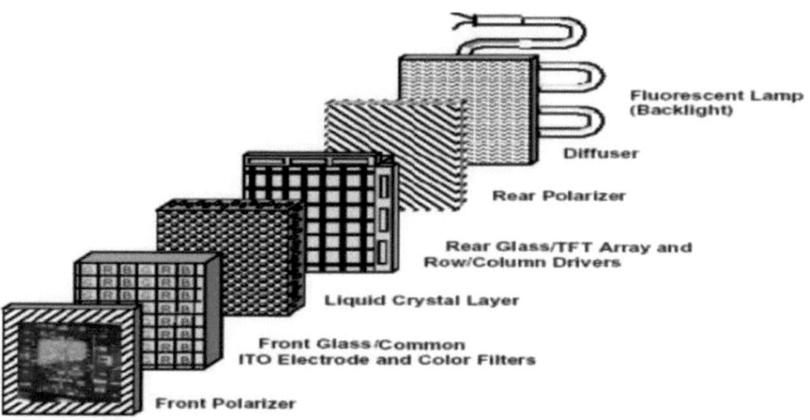

Fig.2.13. Funcionamento do ecrã LCD

- O primeiro elemento é a lâmpada fluorescente que está sempre acesa.

- O difusor é utilizado como segundo elemento para distribuir a luz por todo o ecrã de forma igual e uniforme.

- Após o difusor, a luz é polarizada na parte traseira, numa arquitetura nemática torcida que é o terceiro elemento.

- A quarta camada do ecrã LCD é constituída pelas matrizes TFT utilizadas para endereçamento e como circuito de acionamento dos painéis LCD.

- As matrizes TFT são o circuito de acionamento da estrutura matricial baseada em linhas e colunas.

- A camada de cristais líquidos é o quinto elemento, o material LCD é colocado entre dois planos que são ranhurados ortogonalmente para uma arquitetura nemática torcida.

- A camada de cristais líquidos define o nível de luz de saída, alterando o ângulo da luz polarizada.

- O polarizador frontal está na mesma polarização que o polarizador traseiro.

- Quando o campo elétrico é aplicado ao TN, o ângulo de deslocamento aumenta, o que significa que existem polarizações horizontais e verticais, mas apenas uma delas, com a mesma polarização do polarizador frontal, pode passar e ser apresentada no ecrã.

2.2.4. Ecrã de plasma

- Os ecrãs de plasma são formados por células de plasma que controlam o movimento dos electrões. No ecrã de plasma colorido, cada pixel é formado por três subcélulas R, G e B.

- Movimento de electrões de controlo de células inferior a 1uS, e pode ser realizado um nível de 8 bits

- O tempo de resposta e as características de contraste do ecrã de plasma são melhores

   do que os ecrãs LCD.

- O funcionamento da célula de plasma é semelhante ao de uma lâmpada,

dependendo do ciclo de funcionamento

A saída de luminância das células varia.

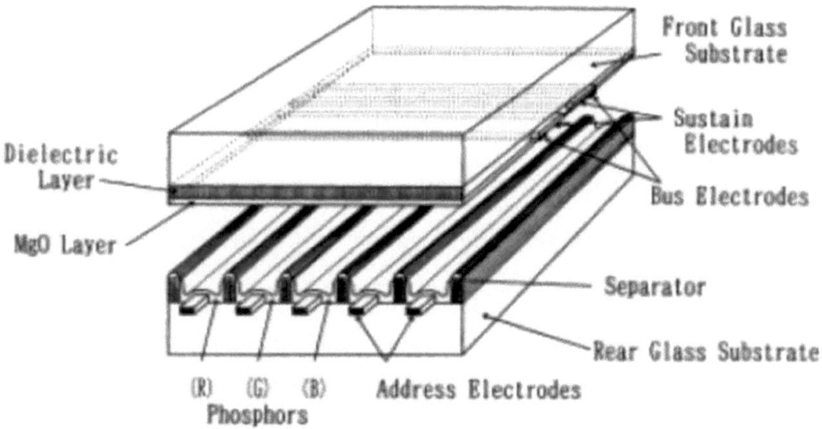

Fig. 2.14. Célula de ecrã de plasma a cores

2.3. Televisão digital e HDTV

- **A televisão de alta definição (HDTV),** um tipo de **televisão digital (DTV),** foi concebida para substituir o sistema do National Television Standards Committee (NTSC).

- O objetivo da HDTV é melhorar significativamente a qualidade da imagem e do som.

- O sistema HDTV é um conjunto extremamente complexo de técnicas digitais, de comunicação e informáticas.

2.3.1. Normas HDTV

- A HDTV utiliza o conceito de varrimento para apresentar uma imagem no CRT.

- O ecrã HDTV é composto por milhares de pequenos pontos de luz chamados **pixéis.**

- Quanto maior for o número de pixéis no ecrã, maior será a resolução e mais finos serão os detalhes que podem ser representados.
- A HDTV utiliza a **varrimento progressivo de linhas**, em que cada linha é varrida uma de cada vez, de cima para baixo.

2.3.2. Conceitos de transmissão de HDTV

- Na HDTV, tanto o sinal de vídeo como o de áudio têm de ser digitalizados por conversores A/D e transmitidos em série para o recetor.
- Devido à freqüência muito alta dos sinais de vídeo, técnicas especiais devem ser usadas para transmitir o sinal de vídeo através de um canal de TV padrão com largura de banda de 6 MHz.
- As técnicas de multiplexação devem ser usadas porque tanto o vídeo quanto o áudio devem ser transmitidos pelo mesmo canal.

2.3.3. Conceitos de transmissão de HDTV: Transmissor de HDTV

- Num transmissor de HDTV, o vídeo da câmara consiste nos sinais R, G e B que são convertidos em sinais de luminância e crominância.
- Estes são digitalizados por conversores A/D.
- Os sinais resultantes são serializados e enviados para um compressor de dados.
- O MPEG-2 é o método de compressão de dados utilizado na HDTV.
- O sinal é enviado de seguida para um aleatorizador de dados.
- O sinal aleatório em série passa por um circuito de deteção e correção de erros Reed-Solomon (RS).
- O sinal é depois enviado para um codificador de treliça.
- Cada canal de áudio é amostrado a uma taxa de 48 kbps.

- Os fluxos de dados de vídeo e de áudio são organizados em pacotes.

- Os pacotes são multiplexados com alguns sinais de sincronização para formar o sinal final a ser transmitido.

- O esquema de modulação utilizado na HDTV é 8-VSB.

- O sinal modulado é convertido por um misturador para a frequência de transmissão final, que é um dos canais de TV padrão na gama VHF ou UHF.

- Um amplificador de potência linear é utilizado para aumentar o nível do sinal antes da transmissão pela antena.

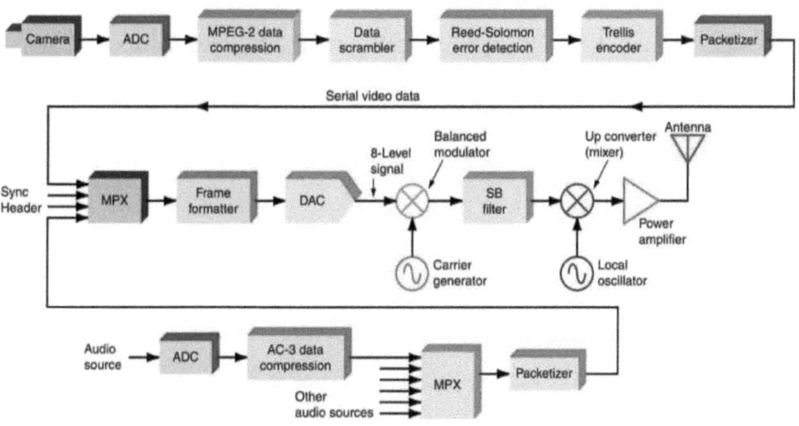

Fig. 2.15. Transmissor HDTV

2.3.4. Conceitos de transmissão de HDTV: Recetor de HDTV

- Num recetor HDTV, o sintonizador e os sistemas IF são semelhantes aos de um recetor de TV normal.

- O sinal 8-VSB é desmodulado para o fluxo de bits original.

- O sinal passa então por um filtro NTSC e por um circuito equalizador.

- Os sinais são desmultiplexados em fluxos de bits de vídeo e áudio.

- O descodificador trellis e o descodificador RS corrigem os erros.

- O sinal é descodificado e descomprimido.

- O sinal de vídeo é convertido de volta para sinais digitais que irão alimentar os conversores D/A que, por sua vez, alimentam os canhões de electrões vermelhos, verdes e azuis no CRT.

- O sinal de áudio é desmultiplexado e enviado para descodificadores AC-3.

- Os sinais digitais resultantes são alimentados a conversores D/A que criam o áudio analógico para cada um dos seis canais de áudio.

2.4. Descodificador

Um dispositivo interativo que integra as capacidades de descodificação de vídeo e áudio da televisão com um ambiente de execução de aplicações multimédia. Proporciona uma interface de fácil utilização que oferece serviços multimédia personalizados e um serviço regular de televisão por cabo.

Quadro 1: Diferença entre STB e computador multimédia

Multimedia computer	STB
Expensive and versatile device	Inexpensive limited functionality device primarily targeted at entertainment
Might be equipped with floppy or a hard disk drive	Not likely to be so equipped
Can execute a wide variety of application programs	Limited scope of applications that can be executed

2.4.1. Redes de vídeo digital (DVN)

- Vantagem da televisão digital.

- Requisitos de fornecimento de vídeo digital

    - Largura de banda elevada.

    - Podem ser utilizadas redes de cabo de fibra, de satélite, de radiodifusão
      e informáticas.

- Redes de cabo tradicionais sistemas analógicos e seus inconvenientes.

- Redes terrestres e por satélite.

- Adequação da Internet a uma rede interactiva e seus inconvenientes.

As DVN têm de fornecer um fluxo de alta largura de banda às casas dos

consumidores e uma camada de comunicação de baixa largura de banda para

interação entre o utilizador da STB e o fornecedor de serviços.

- Abordagem dos operadores de cabo para a DVN.

    - Necessidade de alargar a rede coaxial unidirecional com uma via de

      comunicação desde a casa do assinante até às gateways do serviço por

      cabo que podem controlar o conteúdo enviado ao assinante.

    - Vantagem da tecnologia de compressão de vídeo.

    - Constrangimentos das redes por cabo.

- Abordagem das companhias telefónicas.

    - Vantagem junto das companhias telefónicas.

        - Já foram criados sistemas para P2P e tecnologia para gateways de

          controlo e de serviços para gerir redes em estrela comutadas de

          grande área.

    - Desvantagem.

        - Baixa largura de banda entre o equipamento terminal e a casa do

          consumidor.

2.4.2. Arquitetura do hardware do descodificador

- Requisitos baseados na funcionalidade.

  - Deve ter um subsistema MPEG-2 para descodificar vídeo e áudio MPEG-2.

  - Deve permitir ao utilizador descarregar aplicações personalizadas e executá-las na STB, o que exige um microprocessador de uso geral na STB com uma arquitetura que suporte o controlo dos diferentes dispositivos.

- Diversos componentes de hardware.

    - Figura.

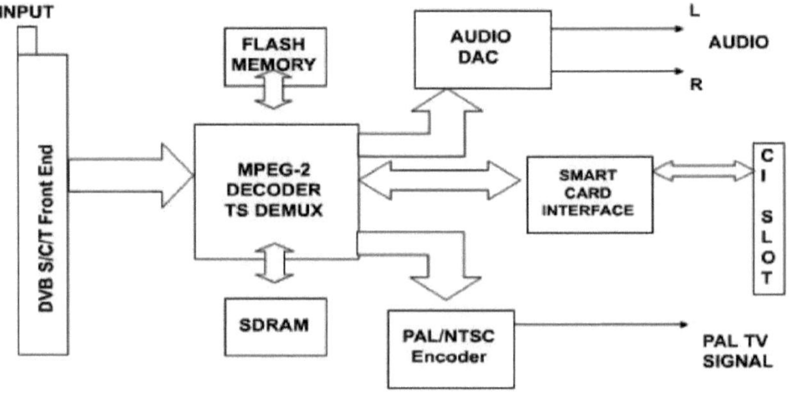

BLOCK DIAGRAM OF SET TOP BOX (IRD) WITH CI SLOT

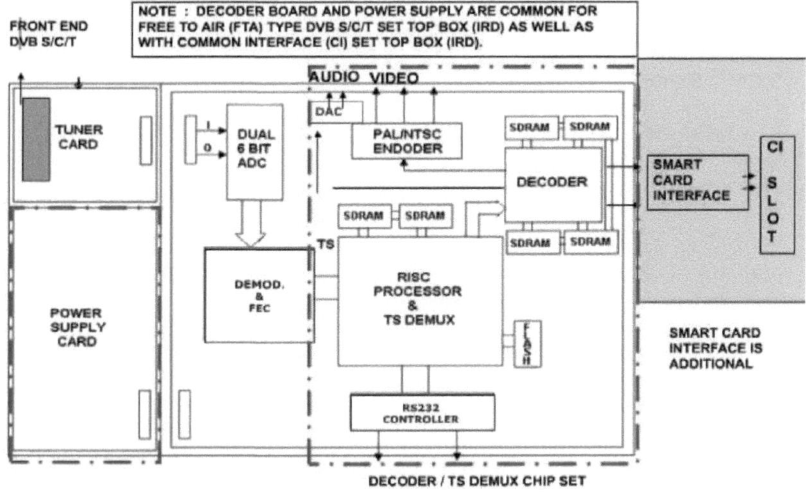

DETAILED BLOCK DIAGRAM OF A SET TOP BOX (IRD) WITH CI SLOT

2.4.3. Arquitetura do software STB

Para serviços interactivos personalizados, um descodificador deve ser endereçável na rede de vídeo por tons, permitindo assim a comunicação P2P entre um fornecedor de vídeo e informação e um utilizador. Deve também ter a capacidade de descarregar aplicações cliente e executá-las localmente.

O software de controlo do descodificador reúne todos os componentes de hardware numa unidade funcional.

- O software STB tem duas partes.

    - Software de sistema que fornece a interface de programação da aplicação DAVID.

    - Software de aplicação que fornece funcionalidade de TV por cabo ou outro serviço multimédia personalizado.

  O software do sistema DAVID inclui.

- Kernel do sistema operativo (os-9).

- Controladores de dispositivos.

- Gestor de ficheiros.

Referências

[1] Louis E. Frenzel, "Communication Electronics", Tata McGraw-Hill, terceira edição, 2008.

[2] Michael P. Fitz, "Fundamentals of Communications Systems", The McGraw-Hill Companies, 2007.

[3] Wayne Tomasi, "Electronic Communications System : Fundamentals Through Advanced", Pearson Education; 5 edição (2008).

[4] Wayne Tomasi, "Advanced Electronic Communications Systems", Pearson Education India; 6 edição (2015).

[5] Simon Haykin, "Communication Systems", Wiley; Quarta edição (2006).

[6] B.P. Lathi, Zhi Ding /'Modern Digital and Analog Communication Systems", Oxford; Quarta edição (2011).

[7] Wayne Tomasi, "Advanced Electronic Communications Systems", Prentice Hall India Learning Private Limited; 6 edição (2004).

[8] Herbert Taub, Donald Schilling, Goutam Saha, "Taub's Principles of Communication Systems", McGraw Hill Education; 3 edição (5 de setembro de 2007).

Sobre os autores

A Sra. R. M. Joany trabalha atualmente como professora assistente na Universidade de Sathyabama, em Chennai. Concluiu a sua licenciatura em Engenharia Eletrónica e de Comunicações na P.S.N.A. College of Engineering and Technology, Madurai Kamaraj University, em 2003, e a pós-graduação em Eletrónica Aplicada na Sathyabama University, Chennai, em 2005. Atualmente, está a fazer o doutoramento como bolseira de investigação no domínio do processamento de imagens. Recebeu uma medalha de ouro em Engenharia Mecânica. Trabalhou também como engenheira de projeto na Wipro Technologies, em Chennai, durante quatro anos. Concluiu um projeto patrocinado pela BRFST, Gujarat, como Co-PI juntamente com o seu supervisor de investigação, Dr. E. Logashanmugam, como PI, que recebeu a classificação de A+. Publicou mais de 40 artigos em revistas internacionais indexadas, conferências e registou uma patente.

O Sr. T. Vino está a trabalhar como Professor Assistente na Universidade de Sathyabama, Chennai, Índia. Concluiu a sua licenciatura em Engenharia Eletrónica e de Comunicações na Universidade Manonmaniam Sundaranar no ano de 2003 e obteve o seu mestrado em Eletrónica Aplicada na Universidade de Sathyabama em 2006. Está a fazer o doutoramento em processamento de vídeo na Universidade de Sathyabama. Os seus interesses de investigação são em criptografia, processamento de vídeo, redes neuronais e segurança de vídeo. Publicou artigos em revistas e conferências internacionais indexadas.

L. Magthelin Therase está a trabalhar como Professora Assistente na Universidade de Sathyabama, Chennai, Índia. Concluiu o bacharelato em eletrónica e comunicações na Faculdade de Engenharia Noorul Islam, Tamilnadu, o mestrado em comunicações ópticas na Universidade Anna, Tamilnadu, e está atualmente a fazer o doutoramento no domínio das antenas de micro-ondas na Universidade Sathyabama, Chennai, Tamilnadu. Os seus interesses de investigação incluem a conceção de antenas e a comunicação sem fios. Publicou artigos em revistas internacionais indexadas.

Printed by Books on Demand GmbH, Norderstedt / Germany